中文版

Premiere Pro 2023
入门教程

任媛媛 编著

人民邮电出版社
北 京

图书在版编目（CIP）数据

中文版Premiere Pro 2023入门教程 / 任媛媛编著
. -- 北京 ：人民邮电出版社，2023.8
ISBN 978-7-115-61582-4

Ⅰ．①中… Ⅱ．①任… Ⅲ．①视频编辑软件－教材
Ⅳ．①TP317.53

中国国家版本馆CIP数据核字(2023)第062313号

内 容 提 要

这是一本全面介绍 Premiere Pro 2023 基本功能及实际应用的书，主要针对零基础读者，能够帮助读者快速、全面地掌握 Premiere Pro 2023。

本书共 11 章，内容包括 Premiere Pro 2023 的界面和基本操作、素材与序列、剪辑和标记、动画、视频过渡、视频效果、字幕、调色、音频效果、输出作品及综合案例实训等。第 1 章讲解软件界面和常用操作，帮助读者快速熟悉软件的操作方法，为后续内容的学习打下基础。第 2～10 章以课堂案例为主线，通过对案例实际操作的讲解帮助读者快速上手，并熟悉软件功能和制作思路；各章末尾还设有课后习题，可以帮助读者复习和巩固所学知识。最后一章"综合案例实训"中的案例都是实际工作中经常会遇到的项目，起强化训练的作用。

本书附带学习资源，包括课堂案例、课后习题和综合案例的素材文件、实例文件，工具演示视频，案例教学视频，以及 PPT 教学课件。

本书讲解模式新颖，非常符合读者学习新知识的思维习惯，既适合作为初学者学习Premiere Pro 2023 的入门及提高参考书，又可作为相关院校和培训机构的教材。

◆ 编　著　任媛媛
　　责任编辑　张丹丹
　　责任印制　马振武

◆ 人民邮电出版社出版发行　北京市丰台区成寿寺路 11 号
　邮编　100164　电子邮件　315@ptpress.com.cn
　网址　https://www.ptpress.com.cn
　临西县阅读时光印刷有限公司印刷

◆ 开本：700×1000　1/16
　印张：14.5　　　　　　　　　2023 年 8 月第 1 版
　字数：479 千字　　　　　　　2025 年 1 月河北第 17 次印刷

定价：69.80 元

读者服务热线：(010)81055410　印装质量热线：(010)81055316
反盗版热线：(010)81055315
广告经营许可证：京东市监广登字 20170147 号

前言

Premiere Pro 2023是Adobe公司推出的一款专业且功能强大的视频编辑软件，提供了视频采集、剪辑、填色、添加音频、添加字幕和输出作品等一整套完整流程，在电视包装、影视剪辑、自媒体短视频和个人影像编辑等领域应用广泛。

为了让读者能够熟练地使用Premiere Pro 2023进行动画、视频剪辑、字幕和音效等的制作，本书从常用、实用的功能入手，结合具有针对性和实用性的案例，全面深入地讲解Premiere Pro 2023的功能及应用技巧。

下面对本书的一些情况做简要介绍。

内容特色

入门轻松：本书从Premiere Pro 2023的基础知识入手，详细介绍了Premiere Pro 2023常用的功能及应用技巧，力求帮助零基础读者轻松入门。

由浅入深：本书结构层次分明、层层深入，案例设计遵从先易后难的原则，符合读者学习新技能的思维习惯，可以使读者快速熟悉软件功能和制作思路。

随学随练：本书第2～10章的末尾都安排了课后习题，读者在学完案例之后，可以继续完成课后习题，以加深对所学知识的理解。

版面结构

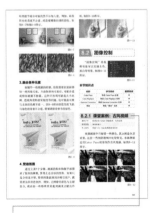

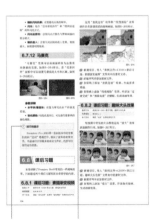

课堂案例：
对操作性较强又比较重要的知识点进行实际操作练习，可以帮助读者快速掌握软件相关功能的使用方法。

综合案例：
针对本书内容做综合性的操作练习，相比课堂案例更加完整，操作步骤更加复杂。

案例位置：
列出了该案例的素材文件和实例文件在学习资源中的位置。

技巧与提示：
对软件的实用操作技巧、制作过程中的难点和注意事项进行分析和讲解。

课后习题：
针对该章某些重要内容的巩固练习，用于提高读者独立完成设计的能力。

资源与支持

本书由"数艺设"出品,"数艺设"社区平台(www.shuyishe.com)为您提供后续服务。

配套资源

- 课堂案例、课后习题和综合案例的素材文件、实例文件
- 工具演示视频
- 课堂案例、课后习题和综合案例的在线教学视频
- PPT教学课件

资源获取请扫码

(提示:微信扫描二维码关注公众号后,输入51页左下角的5位数字,获得图书资源的领取方法。)

"数艺设"社区平台, 为艺术设计从业者提供专业的教育产品。

与我们联系

我们的联系邮箱是szys@ptpress.com.cn。如果您对本书有任何疑问或建议,请您发邮件给我们,并请在邮件标题中注明本书书名及ISBN,以便我们更高效地做出反馈。

如果您有兴趣出版图书、录制教学课程,或者参与技术审校等工作,可以发邮件给我们。如果学校、培训机构或企业想批量购买本书或"数艺设"出版的其他图书,也可以发邮件联系我们。

关于"数艺设"

人民邮电出版社有限公司旗下品牌"数艺设",专注于专业艺术设计类图书出版,为艺术设计从业者提供专业的图书、视频电子书、课程等教育产品。出版领域涉及平面、三维、影视、摄影与后期等数字艺术门类,字体设计、品牌设计、色彩设计等设计理论与应用门类,UI设计、电商设计、新媒体设计、游戏设计、交互设计、原型设计等互联网设计门类,环艺设计手绘、插画设计手绘、工业设计手绘等设计手绘门类。更多服务请访问"数艺设"社区平台www.shuyishe.com。我们将提供及时、准确、专业的学习服务。

目录

第6章 视频效果 ································· 091

第9章 音频效果 159

第10章 输出作品 169

第11章　综合案例实训 177

附录A　常用快捷键一览表 230

附录B　Premiere Pro操作小技巧 232

第 1 章

初识 Premiere Pro 2023

本章导读

　　Premiere Pro 是一款非线性编辑软件，用户可以在编辑时随意替换、放置和移动视频、音频与图像素材。作为 Adobe 家族的一员，Premiere Pro 可以与 Photoshop、After Effects 和 Audition 等软件无缝衔接，极大地提升用户的制作效率。

学习目标

◆　熟悉软件的操作界面。

◆　熟悉软件的功能面板和菜单。

◆　掌握软件的前期设置方法。

1.1 Premiere Pro 2023的操作界面

Premiere Pro已经更新到2023版，相较于以往的版本，增加了许多协作功能，且界面也进行了一定的优化。

本节知识点

名称	学习目标	重要程度
工作界面	熟悉 Premiere Pro 的默认工作界面	高
面板位置和大小的调整	掌握打开、关闭及移动面板的方法	高

1.1.1 工作界面

安装完软件后，双击桌面上的快捷方式图标 ，就可以启动软件。图1-1所示是Premiere Pro 2023的启动界面。

软件启动完成后会显示"主页"界面，如图1-2所示。在该界面中，用户可以选择"新建项目"或"打开项目"，也可以切换到"学习"界面观看官方教程，如图1-3所示。

单击"新建项目"按钮 后，会切换到"导入"界面，如图1-4所示。该界面用于设置项目名称、项目位置和新建序列的名称。单击"创建"按钮 ，会打开软件的工作界面，如图1-5所示。

图1-1

图1-2

图1-3

图1-4

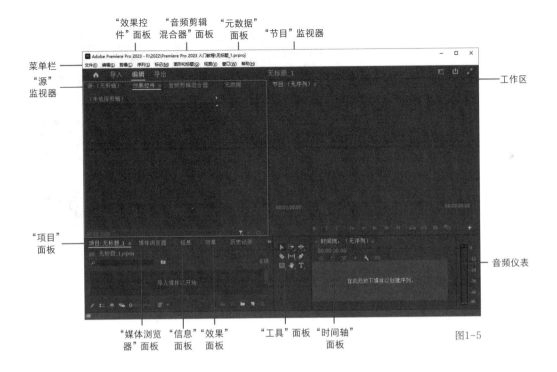

图1-5

1.1.2 面板位置和大小的调整

与其他Adobe软件一样，Premiere Pro的面板也是可以随意更改位置、大小及设置是否显示的。用户可以根据自己的需求调整出合适的工作区。

当按住鼠标左键拖曳面板时，可将选中的面板移动到界面的任意位置。当移动的面板与其他面板相交时，相交的面板区域会变亮，如图1-6所示。变亮的位置决定了移动的面板插入的位置。如果想让面板自由浮动，就需要在拖曳面板的同时按住Ctrl键。

图1-6

在面板的左上角或右上角单击■按钮，会弹出下拉菜单，如图1-7所示。使用该下拉菜单可以设置面板的状态。

如果想调整面板的大小，就将鼠标指针放在相邻面板之间的分隔线上，鼠标指针会变成■形状，此时按住鼠标左键并拖曳，就能调整相邻两个面板的大小，如图1-8所示。

图1-7

图1-8

若想同时调整多个面板的大小，可将鼠标指针放在面板的交界处，鼠标指针会变成 ✛ 形状，此时按住鼠标左键并拖曳，就能调整多个面板的大小，如图1-9所示。

如果在操作过程中不小心关闭了某个面板，在"窗口"菜单中勾选该面板的名称，界面中就会再次显示该面板。

图1-9

1.2 Premiere Pro 2023的功能面板

下面我们来学习Premiere Pro 2023的常用功能面板，以便在后续的学习和工作中更好地理解所学习的内容，快速找到需要的工具。

本节知识点

名称	学习目标	重要程度
"项目"面板	掌握"项目"面板的使用方法	高
"效果"面板	熟悉"效果"面板中的各种效果分类	中
"工具"面板	掌握"工具"面板中的常用工具	高
"时间轴"面板	熟悉"时间轴"面板的构成	中
"效果控件"面板	熟悉"效果控件"面板的作用	中
"节目"监视器	熟悉"节目"监视器的作用	中

1.2.1 "项目"面板

"项目"面板用于导入外部素材，并对素材进行管理，如图1-10所示。

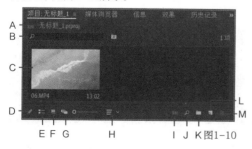

图1-10

参数详解

- **A：** 显示项目的名称。
- **B：** 用来快速搜索所要使用的素材。
- **C：** 显示导入的素材文件。
- **D：** 设置项目为"只读"模式或"读/写"模式。
- **E：** 将当前视图切换为列表视图，如图1-11所示。

图1-11

- **F：** 将当前视图切换为图标视图。
- **G：** 将当前视图切换为自由视图。
- **H：** 当导入多个素材时，单击此按钮可以按照不同的规则排列图标，如图1-12所示。

图1-12

• **I：**当素材文件放置于序列的轨道上时，单击此按钮，在弹出的对话框中设置相关参数可使素材自动匹配序列，如图1-13所示。

图1-13

• **J：**单击此按钮，可在弹出的对话框中按照需求查找素材，如图1-14所示。

图1-14

• **K：**单击此按钮可新建素材箱，方便管理素材。

• **L：**单击此按钮，弹出的下拉菜单可以用于创建不同类型的项目，如图1-15所示。

• **M：**单击此按钮，可删除所选择的素材文件或素材箱。

图1-15

1.2.2 "效果"面板

"效果"面板中包含各种预设的视频、音频和过渡效果。通过上方的搜索框可以快速查找需要的效果，如图1-16所示。

图1-16

效果详解

• **预设：**该卷展栏中罗列了常见的视频效果预设，这些预设已经调好参数，用户可以直接使用，以提高制作效率，如图1-17所示。

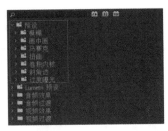

图1-17

• **Lumetri 预设：**该卷展栏中罗列了多种调色预设，方便用户快速调取，如图1-18所示。

• **音频效果：**该卷展栏中罗列的效果适用于音频文件，能为音频带来不同的声音变化，如图1-19所示。

• **音频过渡：**该卷展栏中罗列的过渡效果适用于音频文件，能将两段音频以不同的效果连接，如图1-20所示。

图1-18　　　图1-19　　　图1-20

• **视频效果：**该卷展栏中罗列的效果适用于图片和视频文件，能为画面带来变形和变色等效果，如图1-21所示。

图1-21

> ⓘ **技巧与提示**
>
> 如果读者安装了视频效果插件，也会显示在"视频效果"卷展栏中。

• **视频过渡：**该卷展栏中罗列的过渡效果适用于图片或视频文件，用于将两段画面进行不同效果的融合连接，如图1-22所示。

图1-22

1.2.3 "工具"面板

"工具"面板中集合了一些在剪辑过程中经常使用的工具,如图1-23所示。

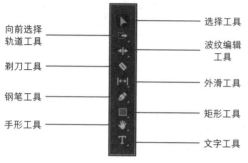

向前选择轨道工具
剃刀工具
钢笔工具
手形工具

选择工具
波纹编辑工具
外滑工具
矩形工具
文字工具

图1-23

工具详解

• **选择工具**▶（V键）：默认情况下使用该工具,可以选择软件中可操作的元素。

• **向前选择轨道工具**➡（A键）：使用该工具选中轨道上的剪辑后,会将选中剪辑前方的所有剪辑一起选中。长按该按钮,还可以切换为"向后选择轨道工具"（快捷键Shift+A）,如图1-24所示。

• **波纹编辑工具**◀▶（B键）：使用该工具可以调整剪辑的长度。长按该按钮,还可以切换为其他3种工具,如图1-25所示。

图1-24   图1-25

• **剃刀工具**◆（C键）：使用该工具单击剪辑,可以在单击的位置将剪辑裁剪为两段。按住Shift键并使用该工具单击剪辑,会将同时间位置上的所有剪辑一起裁剪。

• **外滑工具**▦（Y键）：使用该工具可以在不改变剪辑长度的情况下移动设置了入点和出点的素材画面。长按该按钮,还可以切换为"内滑工具"（U键）,如图1-26所示。

图1-26

• **钢笔工具**✎（P键）：使用该工具可以在"节目"监视器的画面中绘制线条,其使用方法与其他软件（如Photoshop）的"钢笔工具"一致。

• **矩形工具**▢：使用该工具可以在"节目"监视器中绘制矩形,常用于绘制蒙版。长按该按钮,还可以选择其他图形工具,如图1-27所示。

图1-27

• **手形工具**✋（H键）：使用该工具可以平移"节目"监视器中的画面,也可以平移序列中的轨道。

• **文字工具**Ｔ（T键）：使用该工具可以在画面中输入文字内容。

1.2.4 "时间轴"面板

大部分的编辑工作需要在"时间轴"面板中完成。用户将多个素材放在时间轴中形成序列后,可以对这个序列进行编辑,如图1-28所示。

播放指示器位置   时间标尺
序列名称
时间轴显示设置

链接选择项   添加标记
                视频轨道
                音频轨道

在时间轴中对齐
将序列作为嵌套或个别剪辑插入并覆盖

图1-28

参数详解

• **序列名称：** 当前序列的名称。用户可在多个序列中切换或关闭某个序列。

• **播放指示器位置：** 显示播放指示器所在位置的时间。

• **时间标尺：** 显示序列的时间标记。

• **将序列作为嵌套或个别剪辑插入并覆盖**▣：默认高亮状态下,拖曳嵌套序列到序列上时显示为嵌套序列形式,否则为单个素材。

• **在时间轴中对齐**⟁：默认高亮状态下,拖曳剪辑时会自动对齐。

• **链接选择项**▤：默认高亮状态下,拖曳到序列上的素材文件的视频和音频处于关联状态。

• **添加标记**▨：单击该按钮,会在时间标尺上显示标记。

• **时间轴显示设置**⟍：单击该按钮,可在弹出的下拉菜单中勾选时间轴中需要显示的属性,如图1-29所示。

图1-29

- **视频轨道：** 添加的图片和视频素材会显示在视频轨道中，如图1-30所示。
- **音频轨道：** 添加的音频素材会显示在音频轨道中，如图1-31所示。

图1-30

图1-31

1.2.5 "效果控件"面板

在"效果控件"面板中可以为剪辑序列的属性添加关键帧，在"效果"面板中添加视频或音频效果后，也可以对这些效果的属性进行修改。读者可以简单将其理解为参数面板，如图1-32所示。

图1-32

1.2.6 "节目"监视器

在"节目"监视器中可以观察序列的整体情况，并可以对其进行一定的编辑，如图1-33所示。

图1-33

> ① **技巧与提示**
>
> "第3章 剪辑和标记"中会详细讲解"节目"监视器的使用方法。

1.3 Premiere Pro 2023的菜单

前面学习了常用的功能面板，接下来学习软件的菜单。菜单栏中的菜单包含软件的绝大多数功能，可以实现很多操作。

本节知识点

名称	学习目标	重要程度
文件	掌握"文件"菜单中常用的命令	高
编辑	熟悉"编辑"菜单中常用的命令	中
剪辑	熟悉"剪辑"菜单中的常用命令	中
序列	熟悉"序列"菜单中常用的命令	中
标记	熟悉"标记"菜单中常用的命令	中
图形和标题	熟悉"图形和标题"菜单中常用的命令	中
视图	熟悉"视图"菜单中常用的命令	中
窗口	掌握"窗口"菜单中常用的命令	高
帮助	熟悉"帮助"菜单中常用的命令	中

1.3.1 文件

"文件"菜单中的命令主要用于完成创建、打开和保存项目等常用操作，和其他软件的"文件"菜单功能相似，如图1-34所示。

图1-34

命令详解

• **新建：** 在其子菜单中可以选择不同的新建类型，如图1-35所示。

图1-35

> ⓘ **技巧与提示**
>
> Premiere Pro可以同时打开多个项目文件，并且可以在项目文件之间自由切换。

• **打开项目：** 打开制作好的.prproj格式的项目文件。

• **关闭项目：** 关闭当前打开的项目。

• **关闭所有项目：** 关闭软件中打开的所有项目。

• **保存：** 保存当前编辑的项目文件。

• **另存为：** 将当前编辑的项目文件单独存储为一个新文件。

• **全部保存：** 将软件中打开的项目文件全部存储起来。

• **捕捉：** 在打开的对话框中将项目文件的片段创建为脱机剪辑，如图1-36所示。

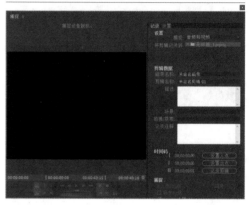

图1-36

• **导入：** 导入其他格式的文件。

• **导出：** 将制作好的项目文件导出为影片格式的文件。

• **项目管理：** 将制作好的项目文件和素材文件打包为压缩包，以便管理。

1.3.2 编辑

"编辑"菜单提供了剪辑时的常用命令，如图1-37所示。

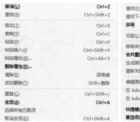

图1-37

命令详解

• **撤销：** 返回上一步的制作效果。

• **粘贴属性：** 只粘贴剪辑所携带的属性设置及关键帧，不粘贴原有的剪辑内容。

• **删除属性：** 删除剪辑所带的所有属性设置信息。

• **快捷键：** 自定义快捷键设置。

• **首选项：** 在打开的对话框中完成软件的一些基础设置。

1.3.3 剪辑

"剪辑"菜单中的命令用来对序列中的剪辑进行一些编辑操作,如图1-38所示。

图1-38

命令详解

• **视频选项:** 在其子菜单中可以设置剪辑的一些属性,如图1-39所示。

• **速度/持续时间:** 在弹出的对话框中可以设置剪辑的播放速度和时长,如图1-40所示。

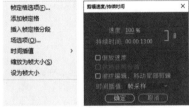

图1-39   图1-40

• **替换素材:** 在"项目"面板中选中需要替换的素材文件,然后执行该命令,在弹出的对话框中选择新的素材文件加以替换。

• **替换为剪辑:** 在"时间轴"面板中选中需要替换的剪辑,然后执行该命令,在子菜单中选择替换文件的所在位置,如图1-41所示。

从源监视器(S)
从源监视器,匹配帧(M)
从素材箱(B)

图1-41

• **启用:** 默认情况下剪辑处于启用状态,可被选中并被编辑。

• **链接:** 将视频轨道中的剪辑与音频轨道中的剪辑链接,使它们处于同步编辑状态。

• **编组:** 将多个剪辑编组,使它们可以同时移动。

• **取消编组:** 将编组的剪辑解组。

• **嵌套:** 将单个或多个剪辑进行嵌套,生成具有父子层级关系的剪辑。

1.3.4 序列

"序列"菜单中的命令用来对整体序列进行编辑,如图1-42所示。

图1-42

命令详解

• **序列设置:** 执行该命令会打开"序列设置"对话框,如图1-43所示,在对话框中可以对已创建的序列属性进行更改。

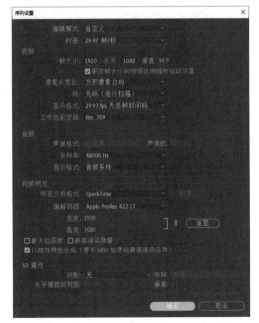

图1-43

• **渲染入点到出点的效果:** 执行该命令可以让软件预渲染入点与出点间的画面,方便用户准确、流畅地查看制作过程是否有误。

- **渲染音频:** 执行该命令可以单独渲染序列中的音频剪辑。
- **匹配帧:** 执行该命令可以将时间指示器所在位置的素材画面显示到"源"监视器中,方便用户查找与替换。
- **添加编辑:** 在时间指示器的位置执行该命令,可以对当前选中的剪辑进行裁剪,其效果与"剃刀工具"相似。
- **添加编辑到所有轨道:** 在时间指示器的位置执行该命令,可以将当前时间下所有轨道中的剪辑进行裁剪。
- **修剪编辑:** 执行该命令后,在"节目"监视器中可以调节剪辑整体的移动帧数,如图1-44所示。

图1-44

- **应用视频过渡:** 在时间指示器的位置添加软件默认的"交叉溶解"过渡效果。
- **放大/缩小:** 放大或缩小"时间轴"面板轨道的尺寸。
- **封闭间隙:** 快速将选中的多个剪辑的间隙封闭,形成连贯的画面效果。
- **转到间隔:** 可以在其子菜单中快速选择需要转到的位置,如图1-45所示。
- **添加轨道/删除轨道:** 在"时间轴"面板中添加或删除轨道。
- **字幕:** 在其子菜单中可以执行字幕的相关命令,如图1-46所示。

图1-45　　　　　图1-46

1.3.5 标记

"标记"菜单中的命令用于为序列中的剪辑添加标记,或编辑相关标记,从而辅助整体视频的制作,如图1-47所示。

图1-47

命令详解

- **标记入点/标记出点:** 在时间指示器的位置快速确定序列的入点或出点。
- **标记剪辑:** 执行该命令,会在剪辑的两端快速标记入点和出点。
- **转到入点/转到出点:** 在标记了入点和出点后,执行这两个命令就可以快速跳转到入点或出点的位置。
- **清除入点/清除出点:** 清除添加的入点或出点。
- **清除入点和出点:** 执行该命令,会一次性清除入点与出点。
- **添加标记:** 执行该命令会在时间指示器的位置添加标记图标。
- **转到下一标记/转到上一标记:** 快速切换到下一个或上一个标记位置。
- **清除所选标记:** 清除当前选中的标记。
- **清除标记:** 清除所有标记。
- **编辑标记:** 执行该命令,会打开一个对话框用于编辑当前选中标记的相关信息,如图1-48所示。

图1-48

1.3.6　图形和标题

"图形和标题"菜单中的命令可以用来新建不同类型的图层，以及分布排列图层等，如图1-49所示。

图1-49

命令详解

- **安装动态图形模板：** 执行该命令，会打开一个对话框，用于选择用户自有的模板。
- **新建图层：** 在其子菜单中可以选择新建图层的类型，如图1-50所示。
- **对齐到视频帧：** 在其子菜单中可以选择图形或文字在画面中对齐的位置，如图1-51所示。

文本(T)	Ctrl+T	左侧
直排文本(V)		水平居中
矩形(R)	Ctrl+Alt+R	右侧
椭圆(E)	Ctrl+Alt+E	顶部
多边形(P)		垂直居中
来自文件(F)...		底部

图1-50　　　图1-51

- **替换项目中的字体：** 执行该命令可以在打开的对话框中将已使用的字体替换为新字体，如图1-52所示。

图1-52

1.3.7　视图

"视图"菜单中的命令可以用来对"节目"监视器或"源"监视器进行一系列操作，如图1-53所示。

图1-53

命令详解

- **回放分辨率：** 控制监视器播放画面的分辨率，在其子菜单中可以设置不同的分辨率，如图1-54所示。
- **暂停分辨率：** 控制暂停状态下监视器中画面的分辨率，在其子菜单中可以设置不同的分辨率，如图1-55所示。
- **放大率：** 控制监视器的画面显示比例，如图1-56所示。

图1-54　　　图1-55　　　图1-56

- **显示标尺：** 执行该命令，监视器的上部和左侧会出现标尺，如图1-57所示。

图1-57

● **显示参考线：**从标尺上可以拖曳出横向或竖向的参考线，执行该命令就能控制是否显示这些参考线，如图1-58所示。

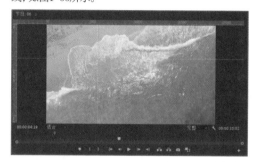

图1-58

1.3.8 窗口

"窗口"菜单中的命令用来调整不同的工作区布局，以及打开或关闭各种窗口或面板，如图

1-59所示。

图1-59

1.3.9 帮助

与其他软件类似，Premiere Pro "帮助"菜单中的命令可以用来打开官方自带的帮助文档和在线教程，以及登录Adobe账号，实现云端存储，如图1-60所示。

图1-60

1.4 Premiere Pro 2023的前期设置

在进行剪辑工作之前，需要对软件进行一些前期设置，以方便后续的操作。

本节知识点

名称	学习目标	重要程度
首选项	掌握常用的首选项设置	高
快捷键	熟悉快捷键的编辑方法	中
字体大小	熟悉界面文字大小的调整方法	中

1.4.1 首选项

执行"编辑>首选项>常规"菜单命令，就可以打开"首选项"对话框，如图1-61所示。在该对话框中可以对软件的外观和自动保存等信息进行设置。

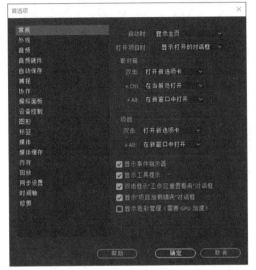

图1-61

选择"外观"选项卡，可以设置软件界面的亮度。默认情况下软件界面是黑色的，当向右移动"亮度"滑块时，界面的颜色就由黑色变为深灰色，如图1-62所示。与Photoshop不同，Premiere Pro没有浅色的界面，深色界面可以帮助用户更好地感受素材的颜色。

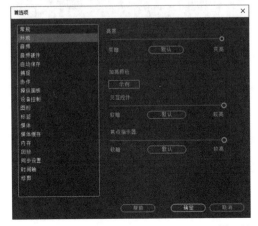

图1-62

当遇到停电或软件突然崩溃的情况时，最怕没有保存已经处理过的文件。如果未及时保存，就会丢失之前所做的一切工作。

切换到"自动保存"选项卡，然后勾选"自动保存项目"选项，就可以自动保存项目文件，如图1-63所示。在其中不仅可以设置自动保存的时间间隔，还可以设置最大保存个数。如果勾选"将备份项目保存到Creative Cloud"选项，就会在用户的Adobe账号中自动保存项目文件，用户无论使用哪台计算机，只要登录自己的Adobe账号，都可以找到备份文件并进行编辑。

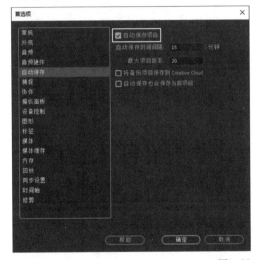

图1-63

> **① 技巧与提示**
>
> 因为印刷需要，本书采用深灰色界面。软件界面的颜色并不会影响学习，读者可选择自己喜欢的界面颜色。

设置完成后，单击"确定"按钮 **确定** 就可以保存之前设置的各项参数，单击"取消"按钮 **取消** 则不会改变默认参数。

1.4.2 快捷键

相较于鼠标操作，快捷键更加方便用户执行一些命令。执行"编辑>快捷键"菜单命令，就可以打开"键盘快捷键"对话框，如图1-64所示。

在该对话框中可以查看已有的快捷键，也可以增加新的快捷键。

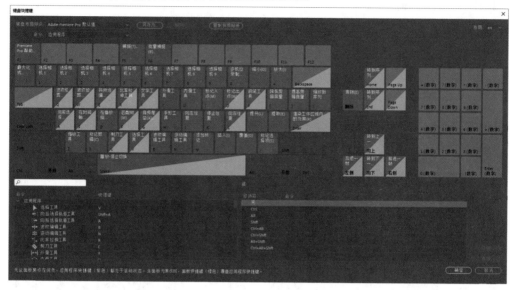

图1-64

> ① **技巧与提示**
>
> "附录A　常用快捷键一览表"中罗列了常用的快捷键，读者可自行查阅。

1.4.3 字体大小

默认情况下Premiere Pro界面的字体较小，不方便用户查看，可以用"控制台"面板来调大界面字体的字号。

按快捷键Ctrl+F12打开"控制台"面板，然后调整AdobeCleanFontSize的数值，如图1-65所示。默认情况下该数值为12，本书调整为16。调整完成后重启软件，就能看到更改界面文字大小的效果。

图1-65

> ① **技巧与提示**
>
> After Effects同为Adobe家族的软件，使用相同的快捷键也能打开"控制台"面板，从而更改界面字体的大小。需要注意的是，After Effects只能更改部分界面字体大小，一些参数的字体大小不能更改。

第 2 章

素材与序列

本章导读

　　导入素材、编辑素材、创建序列和编辑序列是制作视频文件的基础。本章就为读者讲解导入、编辑素材的方法，以及如何创建和编辑序列。

学习目标

- ◆ 熟悉素材文件的导入方法。
- ◆ 掌握素材文件的编辑方法。
- ◆ 掌握序列的创建和编辑方法。

2.1 导入素材文件

制作剪辑文件的第1步就是导入所需要的各种素材文件,包括视频素材文件、序列素材文件和PSD素材文件等。任何类型的素材文件都可以通过以下3种方式导入。

方法1: 执行"文件>导入"菜单命令(快捷键Ctrl+I),然后在弹出的"导入"对话框中选择需要导入的素材文件。双击"项目"面板也可以打开"导入"对话框。

方法2: 从"媒体浏览器"面板中选择需要导入的素材文件。

方法3: 直接将素材文件拖入"项目"面板中。

本节知识点

名称	学习目标	重要程度
导入视频素材文件	掌握视频素材文件的导入方法	高
导入序列素材文件	掌握序列素材文件的导入方法	高
导入 PSD 素材文件	掌握 PSD 素材文件的导入方法	高

2.1.1 课堂案例:导入素材文件

案例文件	案例文件 >CH02> 课堂案例:导入素材文件
难易指数	★ ☆ ☆ ☆ ☆
学习目标	掌握导入素材文件的方法

本案例需要将素材文件导入"项目"面板中。

01 执行"文件>新建>项目"菜单命令,在弹出的"新建项目"对话框中设置"项目名"和"项目位置"信息,然后单击"创建"按钮 创建 ,如图2-1所示。

图2-1

02 双击"项目"面板空白区域,在弹出的"导入"对话框中选择本书学习资源中的"蓝色粒子.mp4"文件,并单击"打开"按钮 打开(O) ,如图2-2所示。选中的文件会出现在"项目"面板中,如图2-3所示。

图2-2

图2-3

03 再次双击"项目"面板的空白区域，弹出"导入"对话框，选中04文件夹，如图2-4所示。

04 双击进入选中的文件夹，然后选中任意一个序列帧图片，勾选下方的"图像序列"选项，并单击"打开"按钮 打开(O) ，如图2-5所示。导入的序列帧图片会在"项目"面板中成为一个单独的文件，如图2-6所示。

图2-4

图2-5

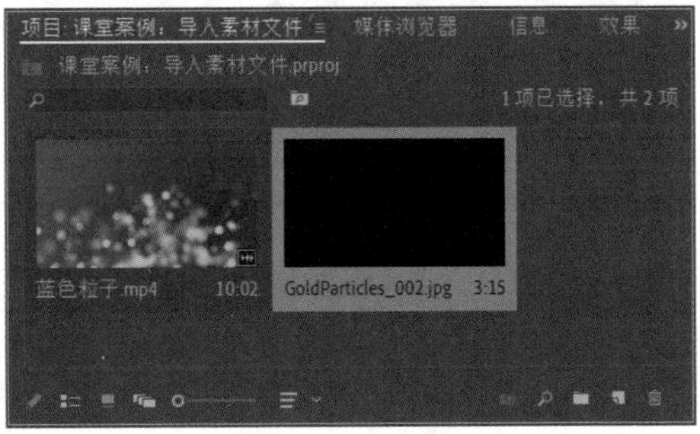

图2-6

05 继续双击"项目"面板的空白区域，然后在打开的"导入"对话框中选择本书学习资源中的"免抠素材 (26).png"文件，并单击"打开"按钮 打开(O) ，如图2-7所示。导入的图片文件会显示在"项目"面板中，如图2-8所示。

图2-7

图2-8

2.1.2 导入视频素材文件

导入视频素材文件后，可以在"项目"面板中看到导入文件的缩略图、名称和时长，如图2-9所示。

图2-9

单击"从当前视图切换到列表视图"按钮 ，可以将素材从缩略图模式切换为列表模式，如图2-10所示。

图2-10

2.1.3 导入序列素材文件

序列素材文件是指由多个图片组成的序列文件。在"导入"对话框中选择序列帧中的任意一帧，然后勾选下方的"图像序列"选项，接着单击"打开"按钮 打开(O) ，就可以将序列帧图片导入"项目"面板，如图2-11所示。导入后的序列帧会成为一个单独的素材文件，如图2-12所示。

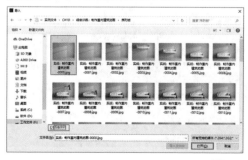

图2-11

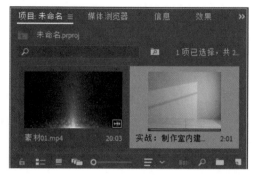

图2-12

2.1.4 导入PSD素材文件

PSD文件由多个图层组成，在导入PSD素材文件时，会弹出"导入分层文件"对话框，如图2-13所示。展开"导入为"下拉菜单，可以选择图层文件的导入形式，如图2-14所示。

图2-13

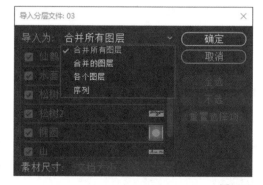

图2-14

保持默认的"合并所有图层"设置时，导入的PSD素材文件会作为一个文件显示，如图2-15所示。

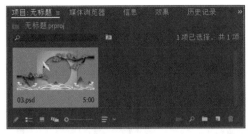

图2-15

2.2 编辑素材文件

导入的素材文件需要在"项目"面板中进行一些管理操作，包括重命名、编组、替换和打包等，这样会方便我们在制作项目时快速调用素材。

本节知识点

名称	学习目标	重要程度
打包素材	掌握整理项目文件的方法	高
编组素材	掌握编组素材的方法	中
重命名素材	掌握重命名素材的方法	高
替换素材	掌握替换素材的方法	高

2.2.1 课堂案例：整理素材

案例文件	案例文件 >CH02> 课堂案例：整理素材
难易指数	★☆☆☆☆
学习目标	掌握重命名和编组素材文件的方法

使用素材箱（文件夹）能对同种类型的素材进行归类管理，重命名则能让复杂的素材名称变得直观，方便快速调用。

01 新建一个项目文件，在"项目"面板中导入学习资源"案例文件>CH02>课堂案例：整理素材"文件夹中的所有素材文件，导入后如图2-16所示。

图2-16

02 导入的素材文件有3种类型，分别是视频文件、音频文件和图片文件。单击"项目"面板下方的"新建素材箱"按钮▣，在"项目"面板中新建一个文件夹，并将其命名为"视频"，如图2-17所示。

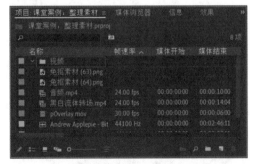

图2-17

03 选中视频格式的文件，然后拖曳到"视频"文件夹上，松开鼠标后这些文件都会移动到视频文件夹内，如图2-18所示。

04 单击"新建素材箱"按钮▣，新建一个文件夹，并将其命名为"音频"，如图2-19所示。

图2-18

图2-19

05 将音频素材文件都移动到"音频"文件夹中，如图2-20所示。

图2-20

06 单击"新建素材箱"按钮 ▣，新建一个文件夹，并将其命名为"元素图案"，如图2-21所示。

图2-21

07 将剩余的图片素材移动到"元素图案"文件夹中，如图2-22所示。

图2-22

08 双击"视频"文件夹，然后选中pOverlay.mov文件，按Enter键后文件名区域变为可编辑状态，重新输入文件名称"灰色过渡"，如图2-23和图2-24所示。

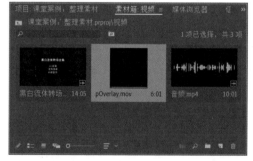

图2-23

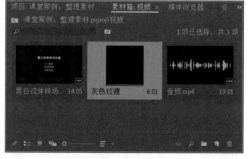

图2-24

2.2.2 重命名素材

当导入很多素材后，原有素材的名称未必易于识别。为了方便后续制作，可以将素材进行重命名。选中需要重命名的素材，然后单击鼠标右键，在弹出的菜单中选择"重命名"选项，如图2-25所示。输入素材的新名称后按Enter键确认，如图2-26所示。

图2-25

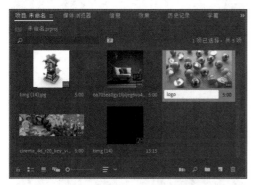

图2-26

2.2.3 编组素材

文件夹可以帮助用户分类管理素材。单击"新建素材箱"按钮■，会在"项目"面板中自动创建一个新的文件夹，如图2-27所示。

用户可以为新建的文件夹命名，以便对素材进行分类管理。将相同类型的素材文件拖曳到文件夹中，就可以对其进行分类管理，如图2-28所示。切换到列表视图模式会更加直观，如图2-29所示。

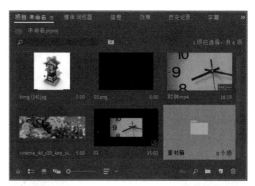

图2-27

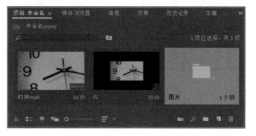

图2-28

图2-29

2.2.4 替换素材

在制作时会碰到素材已经添加了一些属性，但又不合适需要更换的情况。这时如果将素材直接删除，已经添加的属性也会被删除，这样之前所做的工作就全都无效了。而替换素材可以解决这个烦恼，只替换原始素材文件，不会更改已经添加的属性。

在需要替换的素材上单击鼠标右键，然后在弹出的菜单中选择"替换素材"选项，如图2-30所示。在弹出的对话框中选择替换的素材文件，单击"选择"按钮 选择 就能替换素材文件，如图2-31和图2-32所示。

图2-30

图2-31

图2-32

2.2.5 打包素材

在制作剪辑文件时，素材可能不会都放在一个文件夹中。当我们做完整个项目后，就需要打

包素材，将其整合到一个文件夹中，方便后续修改，还能防止素材丢失。

执行"文件>项目管理"菜单命令，会打开"项目管理器"对话框，选择"收集文件并复制到新位置"选项，然后在下方单击"浏览"按钮 浏览 ，选择收集素材的文件夹路径，如图2-33和图2-34所示。

图2-33

图2-34

设置完毕后单击"确定"按钮 确定 ，弹出提示对话框，单击"是"按钮 是 ，如图2-35所示。这样在设置的新文件夹路径中就可以找到收集的所有素材文件。

图2-35

> (!) **技巧与提示**
>
> 当我们打开某些项目文件时，系统会弹出提示错误的对话框，如图2-36所示。

图2-36

遇到这种情况代表原有路径的素材文件缺失，出现这种情况的原因有以下3种。

第1种： 移动了素材文件的位置。

第2种： 误删了素材文件。

第3种： 修改了素材文件的名称。

下面介绍两种解决方法。

查找： 这种方法适用于素材文件名称未修改，只是移动了素材的情况。单击"查找"按钮 查找 ，在弹出的对话框的左侧选择文件可能存在的路径，然后单击右下角的"搜索"按钮 搜索 ，如图2-37所示。

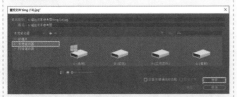

图2-37

此时系统会在选择的路径内进行查找，查找完毕后，如果有与缺失的素材文件相同名称的文件，则可以勾选"仅显示精确名称匹配"选项，并单击"确定"按钮 确定 ，如图2-38所示。

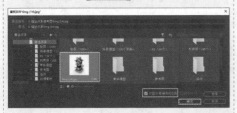

图2-38

脱机： 这种方法适用于素材名称被修改或是素材文件被删除的情况。单击"脱机"按钮 脱机 ，此时可以发现"节目"监视器中的内容显示为红色，且"时间轴"面板中的剪辑也显示为红色，如图2-39和图2-40所示。

在"项目"面板中选中缺失的素材文件，然后单击鼠标右键，在弹出的菜单中选择"替换素材"选项，接着在弹出的对话框中找到缺失的素材或是类似的替换素材，并单击"选择"按钮 选择 ，如图2-41和图2-42所示。此时在"节目"监视器中就可以看到替换后的素材，如图2-43所示。

图2-39

图2-40

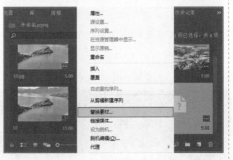

图2-41

图2-42

图2-43

2.3 编辑序列

新建序列后，"时间轴"面板上就会显示序列。将素材文件放置在序列的不同轨道上就可以在"节目"监视器中查看相应效果。

本节知识点

名称	学习目标	重要程度
创建序列	掌握创建序列的方法	高
启用 / 禁用轨道	熟悉启用和禁用轨道的方法	中
视频与音频的链接	掌握取消音频和视频链接的方法	高
剪辑速度	掌握改变剪辑播放速度的方法	高
嵌套序列	掌握嵌套序列的创建和编辑方法	高

2.3.1 课堂案例：科技字幕

案例文件	案例文件 >CH02> 课堂案例：科技字幕
难易指数	★☆☆☆☆
学习目标	掌握创建序列和添加剪辑的方法

本案例需要将素材文件导入"项目"面板，新建序列并添加剪辑，案例效果如图2-44所示。

图2-44

01 新建一个项目文件，然后在"项目"面板中导入本书学习资源"案例文件>CH02>课堂案例：科技字幕"文件夹中的所有素材文件，导入后如图2-45所示。

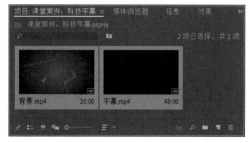

图2-45

02 选中"背景.mp4"素材文件，然后将其拖曳到"时间轴"面板中，系统会根据素材文件自动生成一个序列，如图2-46所示。此时"节目"监视器中会显示素材的效果，如图2-47所示。

图2-46

图2-47

03 选中"字幕.mp4"素材文件，然后将其拖曳到V2轨道上，如图2-48所示。

04 观察序列中的剪辑，会发现V2轨道的剪辑要比V1轨道的剪辑长很多。使用"剃刀工具" 在V2轨道上剪切剪辑，使其与V1轨道的剪辑长度相同，如图2-49所示。

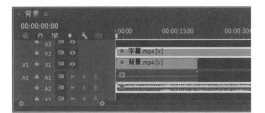

图2-48

图2-49

05 选中V2轨道上多余的剪辑,然后按Delete键将其删除,如图2-50所示。

图2-50

> ⓘ **技巧与提示**
>
> 读者若是觉得剪辑的长度太短,不方便观察,可以按"+"键放大序列,如图2-51所示,按"-"键则可以缩小序列。

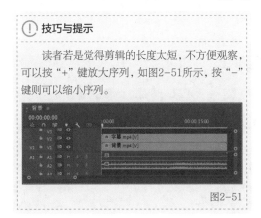

图2-51

06 移动播放指示器,会发现"节目"监视器中没有"背景.mp4"素材文件的效果,如图2-52所示。

07 选中V2轨道上的剪辑,然后在"效果控件"面板中设置"混合模式"为"滤色",如图2-53所示。这时就可以观察到背景视频的内容,案例最终效果如图2-54所示。

图2-52

图2-53

图2-54

2.3.2 创建序列

在Premiere Pro中,创建序列的方式有两种:一种是根据素材自动创建序列,另一种是手动创建序列。

自动创建序列很简单,只需要将素材文件拖曳到"时间轴"面板中,就能自动生成一个和素材文件相匹配的序列,如图2-55所示。

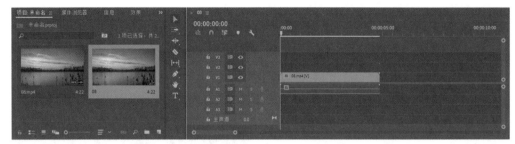

图2-55

如果要创建特定大小的序列,则单击"项目"面板右下角的"新建项"按钮■,在弹出的下拉菜单中选择"序列"选项,然后在弹出的"新建序列"对话框中选择合适的序列预设,如图2-56和图2-57所示。

图2-56

图2-57

创建序列后,"时间轴"面板就会切换为序列状态,如图2-58所示。

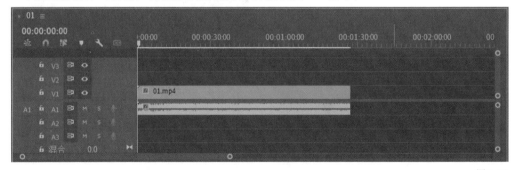

图2-58

2.3.3 启用/禁用轨道

默认状态下,序列中的轨道都为启用状态,如图2-59所示。选中需要禁用的轨道,单击鼠标右键,在弹出的菜单中取消勾选"启用"选项,该轨道便会被禁用,且"节目"监视器中不显示对应内容,如图2-60所示。

图2-59

图2-60

2.3.4 链接视频与音频

　　在添加带音频的视频素材文件到序列中时，会观察到视频和音频轨道上的剪辑处于链接状态，只要选中其中一个轨道，另一个轨道也会被选中，如图2-61所示。

图2-61

　　当我们需要单独编辑其中一个轨道的剪辑时，就需要先取消两个轨道的链接状态。选中轨道上的剪辑，单击鼠标右键，在弹出的菜单中选择"取消链接"选项，两个轨道的剪辑就能分离并可被单独选中，如图2-62和图2-63所示。

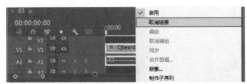

图2-62

图2-63

2.3.5 剪辑速度

　　轨道中剪辑的速度都是按照原有素材的速度进行播放的。如果我们需要将剪辑的速度加快或减慢，就可以通过"剪辑速度/持续时间"对话框实现这一效果。

　　选中需要更改速度的剪辑，单击鼠标右键，在弹出的菜单中选择"速度/持续时间"选项，弹出"剪辑速度/持续时间"对话框，在其中设置需要的速度和持续时间即可，如图2-64和图2-65所示。

图2-64

参数详解

　　• **速度：** 默认100%表示剪辑的原有速度。当小于100%时，剪辑播放速度加快，当大于100%时，剪辑播放速度减慢。

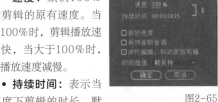

图2-65

　　• **持续时间：** 表示当前速度下剪辑的时长，默认与"速度"相关联。

　　• **倒放速度：** 勾选该选项，剪辑会倒放。

　　• **保持音频音调：** 当加速或减速剪辑时，音频会出现音调变化，勾选该选项会尽可能地还原原有的音调。

2.3.6 嵌套序列

　　嵌套序列可以将多个轨道上的序列转换为一个整体序列，如图2-66所示。用户不仅可以在原有的剪辑上添加属性，还可以在转换后的嵌套序列上添加属性，以便进行更加复杂的操作。

图2-66

图2-66（续）

制作嵌套序列的方法很简单，选中需要嵌套的剪辑，然后单击鼠标右键，在弹出的菜单中选择"嵌套"选项，如图2-67所示。此时系统会弹出对话框，用户可根据需要设置嵌套序列的名称，单击"确定"按钮 **确定** 就能将选择的剪辑转换为绿色的嵌套序列，如图2-68所示。

图2-67

双击转换后的嵌套序列，就能单独打开一个序列窗口显示原有的剪辑内容，如图2-69所示。

图2-68

图2-69

2.4 课后习题

下面通过两个课后习题来复习本章所学的内容。

2.4.1 课后习题：秋日主题视频

案例文件	案例文件 >CH02> 课后习题：秋日主题视频
难易指数	★ ☆ ☆ ☆ ☆
学习目标	掌握创建序列和添加剪辑的方法

本习题需要将文字图片添加到背景视频上。运用本章学习的内容可以很快完成这一操作，效

果如图2-70所示。

图2-70

01 导入学习资源"案例文件>CH02>课后习题：秋日主题视频"文件夹中的素材文件。

02 添加"背景.mp4"素材文件到"时间轴"面板中，生成一个序列。

03 添加"文字.png"图片到V2轨道中，并将图片移动到画面左下角的位置。

04 延长文字剪辑的长度，与下方背景视频剪辑的长度一致。

2.4.2 课后习题：浪漫玫瑰

案例文件	案例文件 >CH02> 课后习题：浪漫玫瑰
难易指数	★ ☆ ☆ ☆ ☆
学习目标	掌握创建序列和添加剪辑的方法

本习题将光效素材与背景的玫瑰素材相叠加，效果如图2-71所示。

图2-71

01 导入学习资源"案例文件>CH02>课后习题：浪漫玫瑰"文件夹中的素材文件。

02 添加"玫瑰.mp4"素材文件到"时间轴"面板中，生成一个序列。

03 添加"光效.mov"素材到V2轨道中。

04 使用"剃刀工具" 将多出的"光效.mov"剪辑剪切并删除。

第 3 章

剪辑和标记

本章导读

在序列中，不同的剪辑经过适当的排列就能在"节目"监视器中呈现最终的画面效果。本章就来介绍如何操作这些剪辑，使之产生丰富的变化。

学习目标

◆ 掌握常用的剪辑工具。

◆ 熟悉标记的用法。

3.1 剪辑的操作

剪辑素材需要在监视器和序列中共同完成。本节就来讲解监视器的用法和剪辑的常用操作。

本节知识点

名称	学习目标	重要程度
"源"监视器	掌握"源"监视器的使用方法	高
"节目"监视器	掌握"节目"监视器的使用方法	高
选择工具	掌握"选择工具"的使用方法	高
剃刀工具	掌握"剃刀工具"的使用方法	高
查找间隙	熟悉"查找间隙"命令的使用方法	中

3.1.1 课堂案例：自然风景

案例文件	案例文件 >CH03> 课堂案例：自然风景
难易指数	★★☆☆☆
学习目标	掌握一些常用的剪辑方法

将两段播放速度不同的素材衔接为一段视频，需要调整素材的播放速度，裁剪不需要的部分，再将两段素材拼在一起，效果如图3-1所示。

图3-1

01 在"项目"面板导入本书学习资源"案例文件>CH03>课堂案例：自然风景"文件夹中的素材文件，导入后如图3-2所示。

02 单击"新建项"按钮■，在弹出的下拉菜单中

选择"序列"选项，如图3-3所示。

图3-2

图3-3

03 在弹出的"新建序列"对话框中选择AVCHD 1080p25预设，并单击"确定"按钮 确定 ，如图3-4所示。

图3-4

04 将"航拍.mp4"和"地面.mp4"两段素材一起添加到V1轨道上，如图3-5所示。

图3-5

05 按Space键预览播放效果，会发现前一段"航拍.mp4"的播放速度偏慢。选中"航拍.mp4"剪辑，单击鼠标右键，在弹出的菜单中选择"速度/持续时间"选项，如图3-6所示。

图3-6

06 在弹出的"剪辑速度/持续时间"对话框中设置"速度"为300%，然后单击"确定"按钮 确定，如图3-7所示。此时序列中的剪辑长度会缩短，与第2段剪辑之间有一段空隙，如图3-8所示。

图3-7

图3-8

07 使用"选择工具" 选中后一段剪辑"地面.mp4"，将其向前移动与"航拍.mp4"后端相接，如图3-9所示。

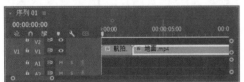

图3-9

08 现有整体序列的长度太长。移动播放指示器到00:00:05:00的位置，然后使用"剃刀工具" 单击播放指示器所在的位置，将剪辑裁剪为两段，如图3-10所示。

图3-10

09 选中最后一段剪辑，按Delete键将其删除，如图3-11所示。

图3-11

10 保持播放指示器的位置不变，然后单击"节目"监视器中的"标记出点"按钮 ，在序列上设置出点，如图3-12所示。案例最终效果如图3-13所示。

图3-12

图3-13

3.1.2 "源"监视器

双击"时间轴"面板中的剪辑或是双击"项目"面板中的素材文件，就可以在"源"监视器中查看和编辑素材，如图3-14所示。"源"监视器中会显示素材原本的效果。

在"源"监视器的下方有一些功能按钮，如图3-15所示。

图3-14

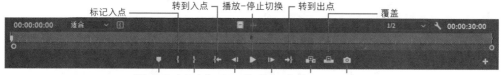

图3-15

按钮详解

• **添加标记** ♥ **（M键）：** 单击此按钮后，会在序列上添加一个标记图标。双击标记图标，会弹出一个对话框，如图3-16所示。在对话框中可以对标记进行简单的注释，方便后续操作。

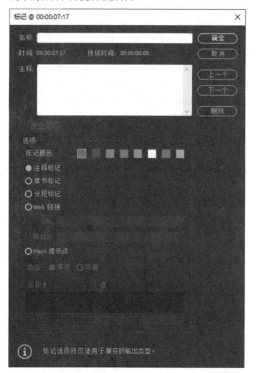

图3-16

• **标记入点** ﹛ **（ I键）：** 设置素材开始的位置，每个素材只有一个入点，如图3-17所示。

图3-17

• **标记出点** ﹜ **（ O键）：** 设置素材结束的位置，每个素材只有一个出点，如图3-18所示。

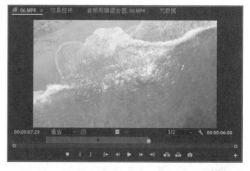

图3-18

图3-19

- **转到入点** （快捷键Shift+I）：将播放指示器移动到入点位置。
- **后退一帧** （←键）：将播放指示器向后移动一帧。
- **播放-停止切换** （Space键）：在监视器中播放或停止播放原素材。
- **前进一帧** （→键）：将播放指示器向前移动一帧。
- **转到出点** （快捷键Shift+O）：将播放指示器移动到出点位置。
- **插入** （,键）：使用插入编辑模式将剪辑添加到"时间轴"面板当前显示的序列中。如果是设置了入点和出点的素材，则只会添加入点与出点间的素材片段到"时间轴"面板的序列中。
- **覆盖** （.键）：使用覆盖编辑模式将素材添加到"时间轴"面板当前显示的序列中，以替换原有的剪辑。
- **导出帧** （快捷键Ctrl+Shift+E）：根据监视器中显示的当前内容创建一个静态图像。

3.1.3 "节目"监视器

"节目"监视器会显示"时间轴"面板中所有序列叠加后的整体效果，如图3-20所示。在"节目"监视器中也可以对单个序列进行编辑，从而得到理想的整体效果。

在"节目"监视器的下方也有一些功能按钮，如图3-21所示。这些功能按钮与"源"监视器中的大致相同，只有个别不同，下面介绍不同的功能按钮。

图3-20

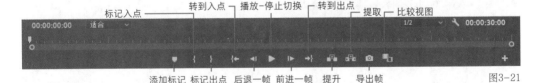

图3-21

按钮详解
- **提升** （;键）：单击该按钮后，会将入点和出点间的剪辑删除，且保留空隙，如图3-22所示。
- **提取** （'键）：单击该按钮后，会将入点和出点间的剪辑删除，但删除后序列的后端会与前端自动相接，不保留空隙，如图3-23所示。

图3-22

图3-23

• **比较视图** 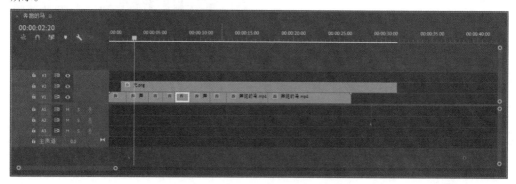：单击该按钮后，会将播放指示器所在帧的画面与序列画面进行对比，以便观察调整后的效果，如图3-24所示。

图3-24

> **⊘ 技巧与提示**
>
> "源"监视器和"节目"监视器较为相似，以下两点是它们之间的区别。
>
> **第1点：**"源"监视器中显示素材的内容，而"节目"监视器则显示"时间轴"面板中序列的内容。
>
> **第2点：**"源"监视器中的"插入"按钮和"覆盖"按钮用于为序列添加剪辑，而"节目"监视器中的"提取"按钮和"提升"按钮用于从序列中删除剪辑。

3.1.4 选择剪辑

使用"选择工具"不仅能选择序列中的整段剪辑，还能选择一些被裁剪的剪辑片段，如图3-25所示。

图3-25

> **⊘ 技巧与提示**
>
> 需要注意的是，双击剪辑可以切换到"源"监视器中观察该段剪辑的效果。

使用"选择工具" ▶ 时，按住Shift键可以实现加选或减选其他剪辑片段，如图3-26所示。选择"选择工具" ▶，按住鼠标左键在"时间轴"面板上画一个矩形框，框内的剪辑会被同时选中，如图3-27所示。

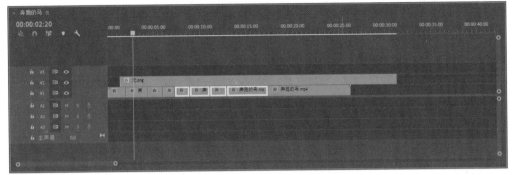

图3-26

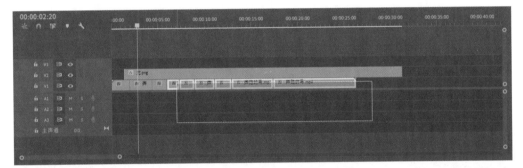

图3-27

3.1.5 移动剪辑

剪辑在时间轴上可以随意移动，默认情况下"时间轴"面板开启了"在时间轴中对齐" ⌒ 功能，只要移动剪辑，其边缘就会自动与其他剪辑的边缘对齐。这样就能精准地放置剪辑，保证剪辑间不产生空隙。

使用"选择工具" ▶ 对选中的剪辑进行拖曳，就能上下左右移动剪辑，如图3-28所示。

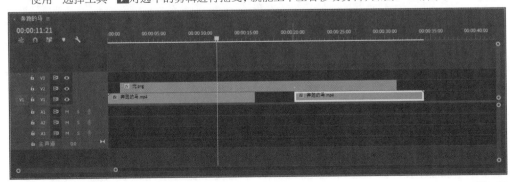

图3-28

如果想按照帧数精确地移动剪辑，就需要用到微移剪辑的快捷方式。按住Alt键，然后按←键或→键，每按一次剪辑就会往相应的方向移动1帧，图3-29所示是向右移动5帧的效果。如果按↑键或↓键，则会将剪辑向上或向下移动一个轨道。

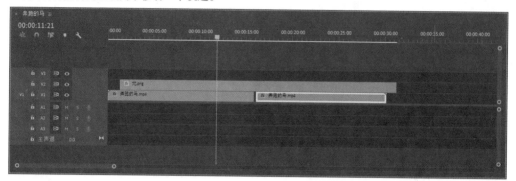

图3-29

技巧与提示

在向上或向下移动剪辑时，如果上方或下方的轨道上有剪辑，则会覆盖这段剪辑相同长度的部分，如图3-30所示。

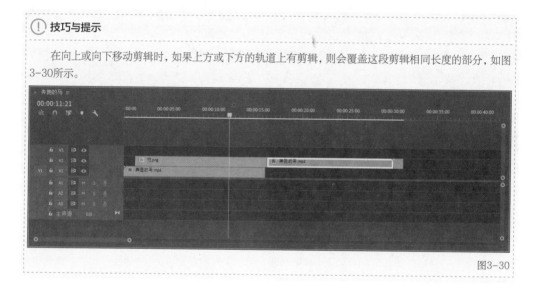

图3-30

如果按住Ctrl键移动剪辑到另一个剪辑上，则会将另一个剪辑拆分为两部分，选中的剪辑会嵌入拆分剪辑的中间，如图3-31所示。而同时按住Ctrl键和Alt键移动剪辑，则剪辑会与其他轨道的剪辑对齐，如图3-32所示。

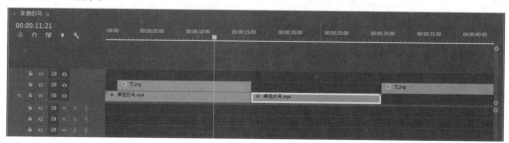

图3-31

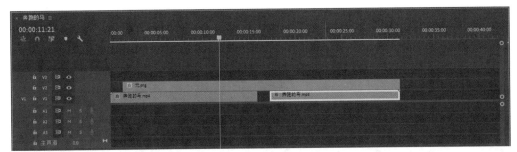

图3-32

按快捷键Ctrl+C可以快速复制选中的剪辑，然后按快捷键Ctrl+V将其粘贴到播放指示器所在的位置，这种操作方式与其他软件相同，如图3-33所示。

图3-33

3.1.6 拆分剪辑

如果需要对添加的剪辑进行裁剪，最常用的方式是使用"剃刀工具" ✎（C键）。使用"剃刀工具" ✎在剪辑上单击后，会在单击的位置将剪辑分为两个剪辑片段，如图3-34所示。当然，也可以继续使用"剃刀工具" ✎在其他需要分割的地方单击，一个剪辑可以被分割为很多个片段。

图3-34

（！）技巧与提示

按住Shift键会将同时间位置上的所有轨道中的剪辑都进行拆分。

除了可以使用"剃刀工具" ✎，还可以在选中剪辑的情况下执行"序列>添加编辑"菜单命令（快捷键Ctrl+K），在播放指示器所在的位置拆分剪辑，如图3-35所示。

执行"序列>添加编辑到所有轨道"菜单命令（快捷键Ctrl+Shift+K），就可以对所有轨道上的剪辑进行拆分，如图3-36所示。拆分后的剪辑仍然会无缝播放，除非移动了剪辑片段或单独对剪辑片段进行了调整。

图3-35

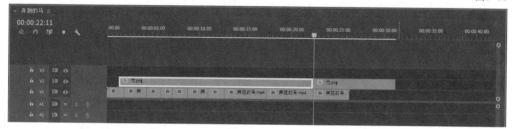

图3-36

3.1.7 查找间隙

经常使用"提升"工具 ▣ 编辑序列，就会在序列上留下许多间隙。如果在一个剪辑上多次进行"提升"操作，就会留下很多的间隙，如图3-37所示。当缩小序列后，很难发现这些细小的间隙，这时就可以使用查找间隙功能快速找到间隙。

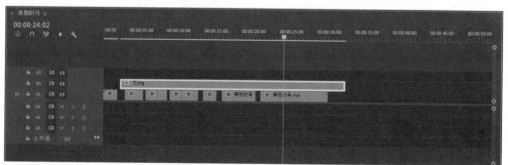

图3-37

选中带有间隙的序列，执行"序列>转至间隔>序列中下一段"菜单命令（快捷键Shift+;），"时间轴"面板上的播放指示器就会自动移动到间隙的开头位置，如图3-38所示。

找到间隙后，选中间隙并按Delete键将其删除，后方的剪辑会自动与前方的剪辑相接，如图3-39和图3-40所示。

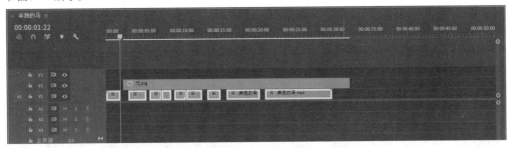

图3-38

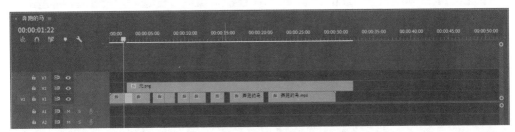

图3-39

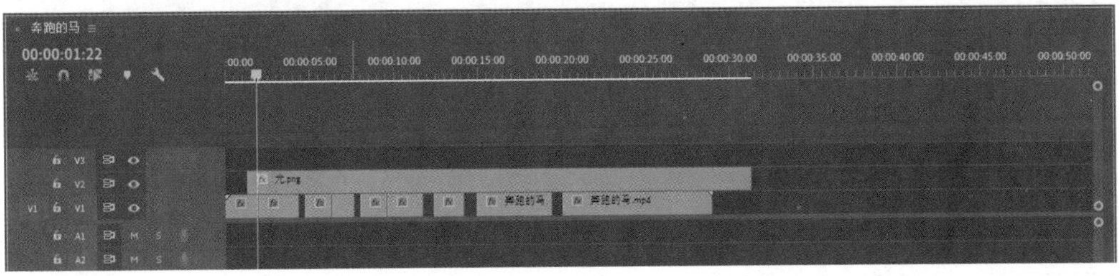

图3-40

如果要一次性删除序列上的所有间隙，就需要先选中序列，然后执行"序列>封闭间隙"菜单命令，将所有的间隙都删掉，使剪辑全部连接在一起，如图3-41所示。

图3-41

⚠ **技巧与提示**

如果序列中设置了入点和出点标记，就只能删除标记之间的间隙。

3.1.8 删除剪辑

删除剪辑最简单也最常用的方法是，选中需要删除的剪辑片段，然后按Delete键将其删除，如图3-42所示，删除后会在轨道上留下间隙。

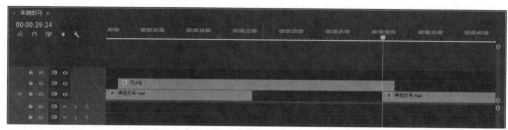

图3-42

除了按Delete键删除剪辑片段外，还可以按快捷键Shift+Delete进行删除。与直接按Delete键不同的是，按快捷键Shift+Delete不仅会将剪辑片段删除，还会自动填充删除后留下的间隙，如图3-43所示。

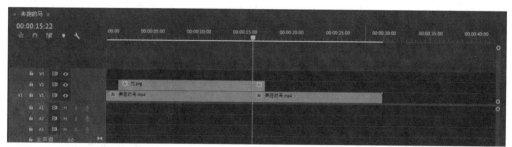

图3-43

3.2 标记

标记是剪辑时的一种辅助功能，可以帮助用户记住镜头位置，也可以记录剪辑的一些信息。

本节知识点

名称	学习目标	重要程度
标记类型	熟悉不同的标记类型	中
添加 / 删除标记	掌握添加和删除标记的方法	高

3.2.1 课堂案例：节奏感美食视频

案例文件	案例文件 >CH03> 课堂案例：节奏感美食视频
难易指数	★★☆☆☆
学习目标	掌握标记的用法，练习使用剪辑工具

在音乐的节奏点上添加标记，将素材文件剪辑后放到标记对应的区域内，就能将视频与音频很好地结合，如图3-44所示。

图3-44

01 双击"项目"面板空白区域，在弹出的"导入"对话框中选择本书学习资源"案例文件>CH03>课堂案例：节奏感美食视频"文件夹中的所有素材，导入后如图3-45所示。

02 新建应用了AVCHD 1080p25预设的序列，然后将"音乐.wav"素材文件添加到A1轨道上，如图3-46所示。

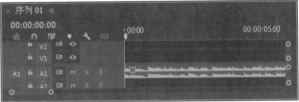

图3-45　　　　　　　　　　　　　　　　　　　　　　图3-46

03 一共有3个素材文件，需要在音频素材上添加两个标记。按Space键播放音频，根据节奏点按M键确定两个标记，如图3-47所示。

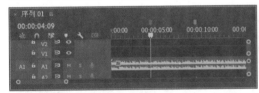

图3-47

⚠ 技巧与提示

读者可按照自己的感觉添加标记，案例中的标记位置仅供参考。

---

04 按照顺序将3个素材文件分别添加到V1～V3轨道上，如图3-48所示。

图3-48

05 按Space键预览画面，会发现01.mp4和03.mp4两段剪辑在一开始播放时画面静止。使用"剃刀工具"  裁剪两段剪辑静止的画面内容，使画面始终保持运动状态，如图3-49所示。

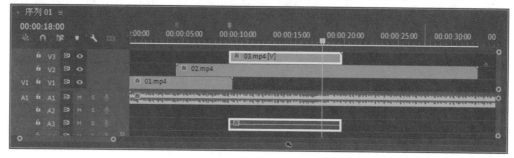

图3-49

06 移动播放指示器到00:00:18:00的位置，然后按O键添加出点，如图3-50所示。

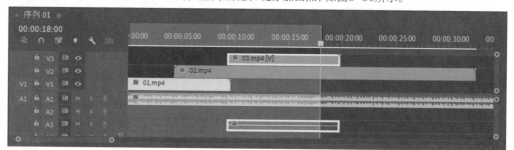

图3-50

07 按Space键在"节目"监视器中预览画面，案例最终效果如图3-51所示。

图3-51

3.2.2 标记类型

标记有多种类型，每种类型的颜色也不一样，这样可以方便用户识别标记，如图3-52所示。

图3-52

标记详解

- **注释标记（绿色）：** 通用标记，用来指定名称、持续时间和注释。
- **章节标记（红色）：** DVD或蓝光光盘设计程序可以将这种标记转换为普通的章节标记。

- **分段标记（紫色）：** 在某些播放器中，会根据这个标记将视频拆分为多个部分。
- **Web链接（橙色）：** 在某些播放器中，可以在播放视频的时候通过标记中的链接打开一个Web页面。
- **Flash提示点（黄色）：** 这种提示点是与Adobe Animate CC一起工作时使用的标记。

3.2.3 添加/删除标记

添加标记时，会以播放指示器所在位置作为标记所处的位置。在序列上移动播放指示器，并且不要选中剪辑，然后单击"时间轴"面板左上方的"添加标记"按钮 ▣ （M键），此时在播放指示器所处的位置会自动生成一个绿色的标记，如图3-53所示。

图3-53

> **技巧与提示**
>
> 在"时间轴"面板的空白区域单击鼠标右键，在弹出的菜单中选择"添加标记"选项也可以添加标记。

除了会在"时间轴"面板上出现绿色的标记，在"节目"监视器的下方也会出现同样的标记，如图3-54所示。

图3-54

双击标记会弹出"标记"对话框，如图3-55

所示。在该对话框中可以对这个标记进行注释，也可以重新选择标记类型。

在"名称"文本框中输入内容后，标记上会显示对应的内容，帮助用户快速识别标记的含义，如图3-55所示。

图3-55

图3-56

删除标记的方法很简单，在需要删除的标记上单击鼠标右键，然后在弹出的菜单中选择"清除标记"选项即可，如图3-57所示。

图3-57

> **技巧与提示**
>
> 在对话框的文本框中输入内容或完成其他选项的设置后不要按Enter键，否则将直接关闭对话框。

3.3 课后习题

下面通过两个课后习题巩固本章所学的与剪辑相关的内容。

3.3.1 课后习题：雨天街道

案例文件	案例文件 >CH03> 课后习题：雨天街道
难易指数	★★☆☆☆
学习目标	练习使用剪辑工具

将两段下雨的素材进行剪辑，创作一段有关雨天街道的主题视频，效果如图3-58所示。

图3-58

01 导入学习资源"案例文件>CH03>课后习题：雨天街道"文件夹中的素材文件。

02 新建一个应用了AVCHD 1080p25预设的序列，然后将两段素材文件添加到序列中。

03 使用"剃刀工具"✂裁剪多余的剪辑部分，使两段剪辑的整体长度为5秒。

3.3.2 课后习题：休闲公园

案例文件	案例文件 >CH03> 课后习题：休闲公园
难易指数	★★☆☆☆
学习目标	练习使用剪辑工具

素材内容较乱，需要用"剃刀工具"✂裁剪素材，选取有用的部分，将多余的部分删掉，效果如图3-59所示。

图3-59

图3-59（续）

01 导入学习资源"案例文件>CH03>课后习题：休闲公园"文件夹中的素材文件。

02 新建一个应用了AVCHD 1080p25预设的序列，然后将所有素材文件添加到序列中。

03 使用"剃刀工具"✂裁剪剪辑，选取有用的剪辑片段，将多余的部分删掉。

04 删除剪辑片段间的间隙，将它们拼接为一个整体，再将序列的总长度限制为5秒。

第 4 章

动画

本章导读

动画是 Premiere Pro 的重要功能，关键帧则是实现动画的基础。通过关键帧能记录素材的移动、旋转、缩放、不透明度和其他属性的变化，从而生成丰富的动画效果。

学习目标

◆ 掌握动画关键帧的使用方法。

◆ 掌握常见的关键帧属性。

◆ 熟悉时间重映射。

4.1 动画关键帧

动画关键帧是制作动画的基础，本节就为读者讲解如何创建关键帧、调整关键帧的差值及调整运动曲线。本节的知识点非常重要，也是学习后面各章知识点的基础，请读者一定要掌握。

本节知识点

名称	学习目标	重要程度
关键帧的概念	熟悉关键帧的概念	中
添加/跳转/删除关键帧	掌握关键帧的常用操作	高
临时差值	掌握关键帧的不同类型	高
空间插值	掌握关键帧之间的运动类型	高
速度曲线	掌握速度曲线的意义和调节方法	高

4.1.1 关键帧的概念

在早期的胶片电影中，电影是由一张张连续播放的胶片形成的，而每一张胶片现在我们可以称为"帧"。日常所播放的视频，也就是由这些不断变化的帧组成的。

在Premiere Pro中，在素材上记录下某一帧的状态，这一记录的过程就是打关键帧。在后面的某个时间点上再打一个关键帧，记录两个时间点内素材的状态，Premiere Pro 2023通过运算，就能生成这两个关键帧之间的动画状态（也叫中间帧），如图4-1所示。

在"效果控件"面板中，如果看到参数的前方有"切换动画"按钮，就代表该参数是可以被记录关键帧，从而形成动画效果的，如图4-2所示。

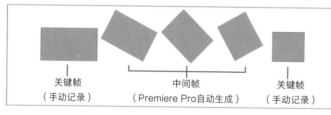

关键帧　　　　　　　　中间帧　　　　　　　　关键帧
（手动记录）　　（Premiere Pro自动生成）　　（手动记录）

图4-1　　　　　　　　　　　　　　　　　　　　图4-2

4.1.2 添加/跳转/删除关键帧

在"效果控件"面板中单击参数前的"切换动画"按钮，使其处于蓝色高亮状态，代表该参数添加了关键帧，参数右侧会出现关键帧标记，如图4-3所示。

当按钮处于高亮显示状态时，只要移动播放指示器，并修改对应的参数，Premiere Pro就会自动添加新的关键帧，如图4-4所示。

移动播放指示器，就能转到其他关键帧所在的位置，但移动播放指示器这个方法不够精准。单击"转到上一关键帧"按钮或"转到下一关键帧"按钮，就能快速且精准地跳转到相应的关键帧位置，如图4-5所示。

图4-3　　　　　　　　　　图4-4　　　　　　　　　　图4-5

! 技巧与提示

在"转到上一关键帧"按钮◀或"转到下一关键帧"按钮▶中间的按钮是"添加/移除关键帧"按钮◉，单击这个按钮，会为当前参数添加关键帧，或移除当前位置的关键帧。

如果需要删除添加的关键帧，最简单的方法就是选中该关键帧，然后按Delete键将其删除，如图4-6所示。如果所有的关键帧都不再需要，单击高亮显示的"切换动画"按钮◉，在弹出的图4-7所示的对话框中单击"确定"按钮　确定，即可删除所有关键帧，如图4-8所示。

按Delete键删除关键帧 ┘ 图4-6　　　　　　　　图4-7　　　　　　　　　图4-8

! 技巧与提示

相同的效果只需要制作一次，复制粘贴给其他剪辑，就能为其应用同样的效果。

选中处理后的剪辑，按快捷键Ctrl+C复制整个剪辑和效果，然后选中需要应用同样效果的剪辑，按快捷键Ctrl+Alt+V粘贴，此时会弹出"粘贴属性"对话框，如图4-9所示。在对话框内选择需要粘贴的属性，单击"确定"按钮　确定后就能实现效果复制，而不会复制原有的剪辑。

图4-9

4.1.3 临时插值

在"位置"属性的关键帧上单击鼠标右键，在弹出的菜单中可以找到"临时插值"选项，如图4-10所示。"临时插值"中的选项用于控制关键帧的速度变化趋势，从而控制动画的速度变化。

图4-10

选项详解

• **线性：**默认情况下关键帧都以"线性"形式呈现，代表动画匀速运动。

• **贝塞尔曲线/自动贝塞尔曲线/连续贝塞尔曲线：**这3种类型代表动画会进行非匀速运动，形成有缓起缓停等效果的速度变化。用户在速度曲线中调节贝塞尔曲线的走势，就能控制速度的变化。

• **定格：**这种类型代表动画呈静将效果。

• **缓入：**这种类型代表动画的速度逐渐减慢。

• **缓出：**这种类型代表动画的速度逐渐加快。

4.1.4 空间插值

"空间插值"设置只对"位置"属性有效，选择不同的插值类型，会让素材画面的运动路径产生不同的变化效果，图4-11所示是"空间插值"的类型。

图4-11

选项详解

• **线性：**这种类型代表素材在画面中以直线形式进行移动，如图4-12所示，图中蓝色的虚线代表素材运动的路径。

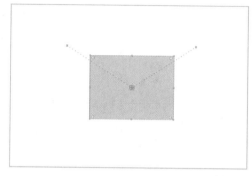

图4-12

• **贝塞尔曲线：**这种类型代表素材在画面中以贝塞尔曲线形式移动，且可通过曲线控制柄单独调节曲线的角度，如图4-13所示。

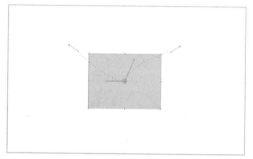

图4-13

• **自动贝塞尔曲线：**这种类型代表素材在画面中以贝塞尔曲线形式移动，调节曲线的控制柄时，会始终以切线形式调节，不能单独调节一侧的角度，如图4-14所示。

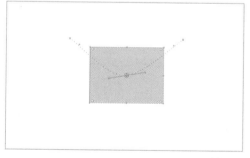

图4-14

• **连续贝塞尔曲线：**与自动贝塞尔曲线相似，调节曲线的控制柄时，会始终以切线形式调节，不能单独调节一侧的角度，如图4-15所示。

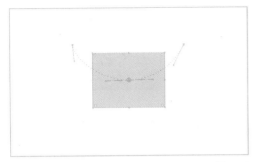

图4-15

4.1.5 速度曲线

设置"临时插值"后，就可以调节参数的速度曲线，不同的曲线形式会呈现不同的速度变化。单击参数前的 ▶ 按钮，就可以在右侧观察到速度曲线，如图4-16所示。Premiere Pro会根据曲线的斜率确定运动的快慢。当曲线斜率变大时，运动会变快；当曲线斜率变小时，运动会变慢。图4-16的②处展示的是速度逐渐加快后又逐渐减慢的运动效果。

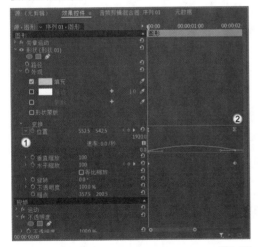

图4-16

> **⚠ 技巧与提示**
>
> 当"临时插值"为"线性"或"定格"时，速度曲线为一条直线，无法调节速度大小。

调节控制柄就能控制不同的速度变化，图4-17

所示是速度突然加快又突然减慢，最后缓慢停止的运动效果。

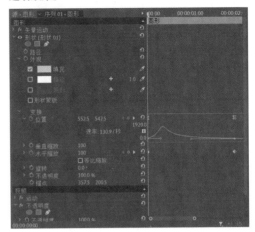

图4-17

4.2 关键帧属性

"位置""缩放""旋转""锚点""不透明度""蒙版""混合模式"这些属性是每种类型的素材都具备的基本属性。本节就为读者讲解如何应用这7种基本属性。

本节知识点

名称	学习目标	重要程度
位置	掌握"位置"属性的用法	高
缩放	掌握"缩放"属性的用法	高
旋转	掌握"旋转"属性的用法	高
锚点	熟悉"锚点"属性的用法	中
不透明度	掌握"不透明度"属性的用法	高
蒙版	掌握蒙版的使用方法	高
混合模式	掌握混合模式的用法	高

4.2.1 课堂案例：运动的小汽车

案例文件	案例文件 >CH04> 课堂案例：运动的小汽车
难易指数	★★★☆☆
学习目标	掌握常用关键帧属性的使用方法

在"位置"和"旋转"两个属性上添加关键帧，就能制作出一个简单的小汽车运动动画，效果如图4-18所示。

图4-18

01 新建一个项目，然后将本书学习资源"案例文件>CH04>课堂案例：运动的小汽车"文件夹中的素材文件全部导入"项目"面板中，如图4-19所示。

图4-19

02 选中"背景.jpg"素材并拖曳到"时间轴"面板中，生成一个序列，如图4-20所示。效果如图4-21所示。

图4-20

图4-21

03 将"车.psd"分层文件中的素材依次添加到序列中，然后在"效果控件"面板中设置"缩放"为10，并将小汽车移动到路面上，如图4-22所示。效果如图4-23所示。

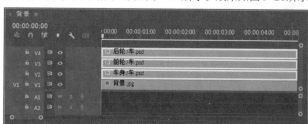

图4-22

图4-23

04 选中有关车的素材，然后将其转换为"嵌套序列01"，如图4-24所示。

图4-24

05 移动播放指示器到起始位置，选中"嵌套序列01"，在"效果控件"面板中设置"位置"为（860,320），并单击"切换动画"按钮 添加关键帧，如图4-25所示。效果如图4-26所示。

图4-25

图4-26

06 移动播放指示器到结束位置，在"效果控件"面板中设置"位置"为（180,320），如图4-27所示。可以观察到小汽车整体向左移动，如图4-28所示。

图4-27

图4-28

07 虽然小汽车有位移，但车轮没有旋转。双击"嵌套序列01"将其打开，然后分别选中两个车轮素材，在"效果控件"面板中选中"锚点"选项，将锚点移动到车轮的中心位置，如图4-29所示。

08 选中"前轮/车.psd"素材，然后在起始位置单击"旋转"前的"切换动画"按钮 添加关键帧，如图4-30所示。

图4-29

09 移动播放指示器到末尾，设置"旋转"为-3x0°，如图4-31所示。移动播放指示器就可以观察到前轮向前旋转的动画效果。

图4-30

图4-31

10 按照步骤08和步骤09的方法，为后轮制作同样的动画效果，如图4-32所示。

图4-32

⑪ 返回"背景"序列，移动播放指示器就能观察到小汽车运动的动画效果，如图4-33所示。

图4-33

4.2.2 课堂案例：卡通片尾

案例文件	案例文件 >CH04> 课堂案例：卡通片尾
难易指数	★★★☆☆
学习目标	掌握常用关键帧属性的使用方法

在背景画面中输入文字，然后根据背景动画添加"不透明度"和"缩放"关键帧，使其与背景动画合二为一，案例效果如图4-34所示。

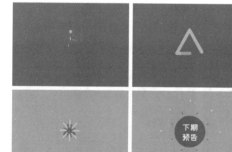

图4-34

⓵ 双击"项目"面板空白区域，在弹出的"导入"对话框中选择本书学习资源"案例文件>CH04>课堂案例：卡通片尾"文件夹中的素材文件，导入后如图4-35所示。

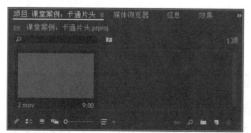

图4-35

⓶ 将素材文件拖曳到"时间轴"面板中，生成一个序列，如图4-36所示。

图4-36

⓷ 按Space键预览画面，发现在00:00:04:00位置的画面中可以加入文字，如图4-37所示。

⓸ 在"工具"面板中选中"文字工具"，然后在紫色的圆形上输入"下期预告"，如图4-38所示。

图4-37   图4-38

> ⓘ 技巧与提示
>
> 在"效果控件"面板中展开"文本"卷展栏，就可以设置文字的字体。笔者使用的字体为"站酷快乐体2016修订版"（仅供参考），如图4-39所示。
>
>
>
> 图4-39

05 移动文字剪辑起始位置到00:00:03:00的位置，此时紫色的圆形正要放大，如图4-40所示。效果如图4-41所示。

图4-40

图4-41

06 可以观察到此时文字会遮盖下方的图案。保持播放指示器的位置不变，然后添加"缩放"关键帧，设置"缩放"为0，如图4-42所示。

07 移动播放指示器到00:00:03:15的位置，此时紫色的圆形放大完成，设置"缩放"为100，文字会完全显示，如图4-43所示。

图4-42

图4-43

08 保持播放指示器的位置不变，然后添加"不透明度"关键帧，如图4-44所示。

图4-44

09 回到文字剪辑的起始位置，设置"不透明度"为0%，如图4-45所示。

图4-45

10 在"效果控件"面板中选中所有关键帧，然后将其转换为"贝塞尔曲线"，如图4-46所示。

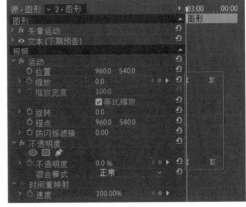

图4-46

11 按Space键播放动画，案例最终效果如图4-47所示。

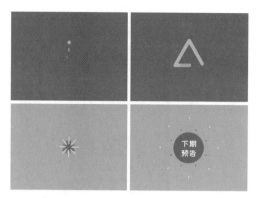

图4-47

4.2.3 位置

"位置"属性用于确定素材在画面中的位置，在时间轴上添加"位置"关键帧就能生成位移动画，如图4-48所示。

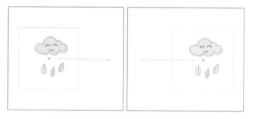

图4-48

在"效果控件"面板中，"位置"属性的两个参数分别表示素材在画面的 x 轴和 y 轴的位置，如图4-49所示。x 轴的数值越大，素材越靠画面右侧；y 轴的数值越大，素材越靠画面下方。

图4-49

4.2.4 缩放

"缩放"属性用于控制素材的大小。默认情

况下，调节"缩放"属性会等比例缩放素材，取消勾选"等比缩放"选项后，就会激活"缩放高度"和"缩放宽度"两个参数，此时就可以单独缩放素材的宽度或高度，如图4-50所示。

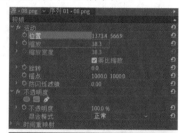

图4-50

在"缩放"属性上添加关键帧，就能生成缩放动画，如图4-51所示。

图4-51

4.2.5 旋转

"旋转"属性用于控制素材旋转的角度，其原理是使素材围绕锚点进行旋转，如图4-52所示。在"效果控件"面板中可以精确设置素材旋转的角度，如图4-53所示。

图4-52

图4-53

4.2.6 锚点

"锚点"属性用于确定素材中心点的位置。
"缩放"和"旋转"两个属性会以锚点所在的位置
对素材进行缩放或旋转，如图4-55所示。

图4-55

4.2.7 不透明度

调节"不透明度"属性会让素材变成半透明

状态，与下层的画面产生混合的效果，如图4-56
所示。当"不透明度"为100%时，素材画面会
完全显示；当"不透明度"为0%时，素材画面会
完全消失。

图4-56

4.2.8 蒙版

与其他软件的蒙版一样，Premiere Pro的蒙
版也是选取素材的局部与底层的素材进行混合。
Premiere Pro的蒙版包括椭圆形蒙版、4点多边
形蒙版和自
由绘制贝塞
尔曲线3种
类型，如图
4-57所示。

图4-57

使用"创建椭圆形蒙版"工具 在上层轨道
的剪辑上绘制蒙版时，会生成椭圆形的蒙版区域，
如图4-58所示。

使用"创建4点多边形蒙版"工具 在上层
轨道的剪辑上绘制蒙版时，会生成四边形的蒙版
区域，如图4-59所示。

图4-58　　　　　　　图4-59

使用"自由绘制贝塞尔曲线"工具 在上
层轨道的剪辑上绘制蒙
版时，会生成任意形态
的蒙版区域，如图4-60
所示。

图4-60

> ⚠ **技巧与提示**
>
> "自由绘制贝塞尔曲线"工具 ↗ 的使用方法与Photoshop中的"钢笔工具"类似。

添加蒙版后,"效果控件"面板中会新增一些蒙版属性,如图4-61所示。

图4-61

属性详解

• **蒙版路径:** 调整蒙版的位置,且可以添加关键帧,也可以根据选择的区域跟踪蒙版。

• **蒙版羽化:** 使蒙版的边缘呈现渐隐效果,如图4-62所示。

图4-62

• **蒙版不透明度:** 控制蒙版的不透明度,与下方剪辑产生混合效果,如图4-63所示。

• **蒙版扩展:** 放大或缩小蒙版,如图4-64所示。

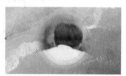

图4-63　　　　　图4-64

4.2.9 混合模式

混合模式是指将剪辑与下层轨道的剪辑进行混合的模式,包含27种,如图4-65所示。其使用方法与Photoshop中的图层混合模式完全一致。图4-66所示是部分混合模式的混合效果。

图4-65

图4-66

4.3 时间重映射

时间重映射可以实现素材的加速、减速、倒放和静止等播放效果,让画面具有节奏变化和动感效果。

本节知识点

名称	学习目标	重要程度
加速 / 减速	掌握加速或减速剪辑的方法	高
倒放	掌握倒放剪辑的方法	高
静止帧	掌握剪辑静止帧的方法	高
修改帧的位置	掌握修改关键帧位置的方法	高
删除帧	掌握删除关键帧的方法	高

4.3.1 课堂案例：变速跑步视频

案例文件	案例文件 >CH04> 课堂案例：变速跑步视频
难易指数	★★★☆☆
学习目标	掌握时间重映射的运用方法

运用时间重映射能快速制作出变速视频，让一段匀速播放的跑步视频产生多种节奏变化，效果如图4-67所示。

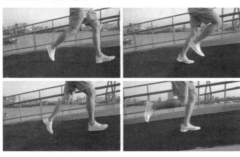

图4-67

01 双击"项目"面板空白区域，在弹出的"导入"对话框中选择本书学习资源"案例文件 >CH04>课堂案例：变速跑步视频"文件夹中的素材文件，导入后如图4-68所示。

图4-68

02 素材文件时长较长，在"项目"面板中双击"素材.mp4"，在"源"监视器中标记其入点和出点，如图4-69所示。

图4-69

> ⓘ **技巧与提示**
>
> 案例只选取了素材的前5秒，读者可按照自己的喜好选择不同的片段。

03 将"项目"面板中的素材拖曳到"时间轴"面板中，生成一个序列，此时序列只会显示上一步标记的入点与出点间的剪辑片段，如图4-70所示。

图4-70

04 选中剪辑，单击鼠标右键，在弹出的菜单中选择"显示剪辑关键帧>时间重映射>速度"选项，显示剪辑的速度曲线，如图4-71所示。

图4-71

05 分别在00:00:01:00和00:00:02:00的位置单击"添加-移除关键帧"按钮 ◎ 添加两个速度关键帧，如图4-72所示。

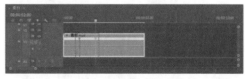

图4-72

06 使用"选择工具" ▶ 将两个关键帧之间的线段向上移动，使速度变为200%，如图4-73所示。

图4-73

07 移动播放指示器到00:00:02:00的位置，然后选中右侧的关键帧，并按住Ctrl键向右拖曳到播放指示器的位置，这一段剪辑就能形成倒放的效果，如图4-74所示。

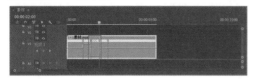

图4-74

08 移动播放指示器到00:00:04:00的位置，然后按住Alt键移动右侧的关键帧到播放指示器的位置，如图4-75所示。

图4-75

09 将右侧两个关键帧中间的速度曲线向上移动，使速度变为200%，如图4-76所示。

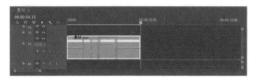

图4-76

10 按Space键播放画面，案例最终效果如图4-77所示。

图4-77

4.3.2 加速/减速

在序列中添加一段动态剪辑后，选中该剪辑并单击鼠标右键，在弹出的菜单中选择"显示剪辑关键帧>时间重映射>速度"选项，放大轨道就能看到代表速度的线段，如图4-78和图4-79所示。

图4-78

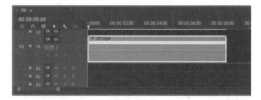

图4-79

> **! 技巧与提示**
>
> 将鼠标指针放在轨道间的分隔线上，然后按住鼠标左键向上拖曳，就能将轨道放大。

将播放指示器移动到需要改变速度的位置，单击轨道左侧的"添加-移除关键帧"按钮，就可以直接在剪辑上添加关键帧，如图4-80所示。

图4-80

选中两个关键帧之间的线段，然后使用"移动工具" ▶ 向上移动线段，这时观察"节目"监视器中的画面，呈现加速播放的效果，如图4-81所示。使用"移动工具" ▶ 向下移动线段，这时观察"节目"监视器中的画面，呈现减速播放的效果，如图4-82所示。

图4-81

图4-82

4.3.3 倒放

倒放剪辑时，需要在要倒放的位置添加时间重映射关键帧，然后选中该关键帧，并按住Ctrl键不放向右拖曳一段距离，如图4-83所示，拖曳的距离就是倒放剪辑的长度。

图4-83

需要注意的是，在按住Ctrl键不放向右拖曳关键帧时，"节目"监视器中的画面被一分为二，如图4-84所示。左侧显示的当前帧画面处于静止状态，右侧显示的是倒放的画面。拖曳关键帧时，右侧的画面会播放倒放的效果，以便确定倒放的位置。

图4-84

4.3.4 静止帧

移动播放指示器到需要静止的位置，然后同时按住Ctrl键和Alt键不放向右拖曳一段距离，这段距离中的帧就会处于静止状态，如图4-85所示。

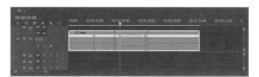

图4-85

与倒放一样，在拖曳静止帧时，"节目"监视器中的画面被一分为二，左侧显示的当前帧画面处于静止状态，右侧显示的是需要静止的画面长度。

4.3.5 修改帧的位置

如果需要修改关键帧的位置，直接选中关键帧并拖曳，就会让平直的线段变成斜线，如图4-86所示。在斜线上会产生加速或减速的运动效果，旋转斜线上的手柄就可以改变运动的速度。

图4-86

如果只是单纯想改变关键帧的区间，不想改变播放速度，就需要按住Alt键并拖曳关键帧，如图4-87所示。

图4-87

4.3.6 删除帧

如果要删除单个关键帧，只需要选中该关

键帧，然后按Delete键即可。如果要删除所有关键帧，需要在"效果控件"面板中单击蓝色的"切换动画"按钮，此时系统会弹出对话框，询问是否删除所有关键帧，如图4-88所示。单击"确定"按钮，就可以将所有的时间重映射关键帧全部删除。

图4-88

4.4 课后习题

通过本章的学习，相信读者已经熟悉关键帧动画的制作方法。下面通过两个课后习题来巩固本章所学的内容。

4.4.1 课后习题：图形动画

案例文件	案例文件>CH04>课后习题：图形动画
难易指数	★★☆☆☆
学习目标	熟悉常用的关键帧属性

在序列中绘制两个矩形，然后为两个矩形制作缩放动画，效果如图4-89所示。

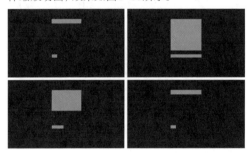

图4-89

01 新建一个应用了AVCHD 1080p25预设的序列，然后使用"矩形工具"绘制两个大小不等的矩形。

02 调整两个矩形锚点的位置，然后为它们分别制作缩放动画。

03 调整缩放动画的速度曲线。

4.4.2 课后习题：图片切换动画

案例文件	案例文件>CH04>课堂案例：图片切换动画
难易指数	★★☆☆☆
学习目标	掌握时间重映射的使用方法

将图片素材导入"项目"面板，然后为素材添加"位置""缩放""不透明度"关键帧，效果如图4-90所示。

图4-90

01 新建一个应用了AVCHD 1080p25预设的序列，将素材图片依次排列在序列中。

02 将每个素材都设置为2秒。

03 为素材剪辑添加"位置""缩放""不透明度"关键帧，形成连续的动画效果。

第 5 章

视频过渡

本章导读

　　本章将讲解视频过渡的相关知识。系统为用户提供了多种过渡效果。用户只需要将过渡效果放置在两段剪辑之间，就会自动生成对应的过渡效果，不需要手动添加关键帧，这节省了很多时间。

学习目标

◆　掌握常用的过渡效果。

◆　熟练运用过渡效果。

5.1 内滑

"内滑"类过渡效果是在保持后段剪辑不动的情况下，前段剪辑呈现不同的运动，从而实现剪辑的过渡，如图5-1所示。

图5-1

本节知识点

名称	学习目标	重要程度
中心拆分	掌握"中心拆分"过渡效果的使用方法	高
内滑	掌握"内滑"过渡效果的使用方法	高
带状内滑	掌握"带状内滑"过渡效果的使用方法	高
急摇	熟悉"急摇"过渡效果的使用方法	中
拆分	掌握"拆分"过渡效果的使用方法	高
推	掌握"推"过渡效果的使用方法	高

5.1.1 课堂案例：美食电子相册

案例文件	案例文件 >CH05> 课堂案例：美食电子相册
难易指数	★★★☆☆
学习目标	掌握"内滑"类过渡效果的使用方法

本案例将为静帧图片添加"内滑"类过渡效果，制作一个美食电子相册，效果如图5-2所示。

图5-2

01 双击"项目"面板空白区域，在弹出的"导入"对话框中选择本书学习资源"案例文件>CH05>课堂案例：美食电子相册"文件夹中的所有素材，导入后如图5-3所示。

02 按快捷键Ctrl+N打开"新建序列"对话框，然后选中图5-4所示的预设。

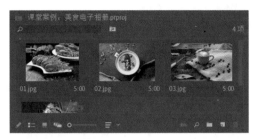

图5-3

图5-4

03 将素材01.jpg拖曳到"时间轴"面板上，然后在"剪辑速度/持续时间"对话框中设置"持续时间"为00:00:01:00，如图5-5所示。"时间轴"面板如图5-6所示。

图5-5

图5-6

04 将素材02.jpg拖曳到"时间轴"面板上，同样调整其持续时间为1秒，如图5-7所示。

图5-7

05 按照同样的方法将其他素材文件都放置在"时间轴"面板上，如图5-8所示。

图5-8

06 在"效果"面板中选中"中心拆分"过渡效果，然后按住鼠标左键将其拖曳到01.jpg和02.jpg之间，如图5-9所示。效果如图5-10所示。

图5-9

图5-10

07 在"效果"面板中选中"带状内滑"过渡效果，然后按住鼠标左键将其拖曳到02.jpg和03.jpg之间，如图5-11所示。效果如图5-12所示。

图5-11

图5-12

08 在"效果"面板中选中"拆分"过渡效果，然后按住鼠标左键将其拖曳到03.jpg和04.jpg之间，如图5-13所示。效果如图5-14所示。

图5-13

图5-14

09 按Space键预览效果，发现过渡效果的时间较长，没有很好地展示出图片内容。选中"中心拆分"过渡效果，在"效果控件"面板中设置"持续时间"为00:00:00:15，如图5-15所示。"时间轴"面板如图5-16所示。

图5-15

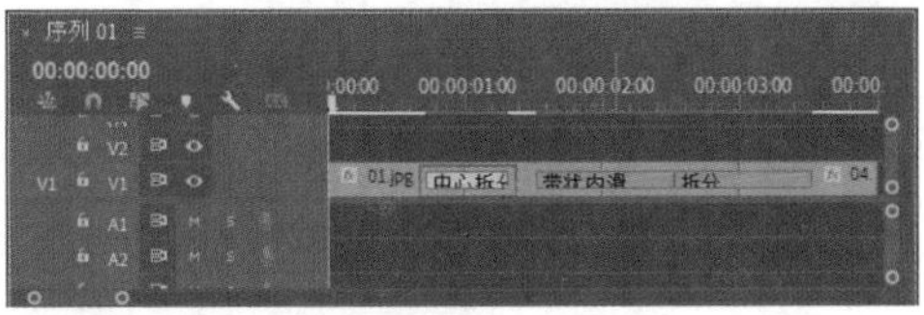

图5-16

10 按照上一步的方法修改其余两个过渡效果的"持续时间"为00:00:00:15，如图5-17所示。

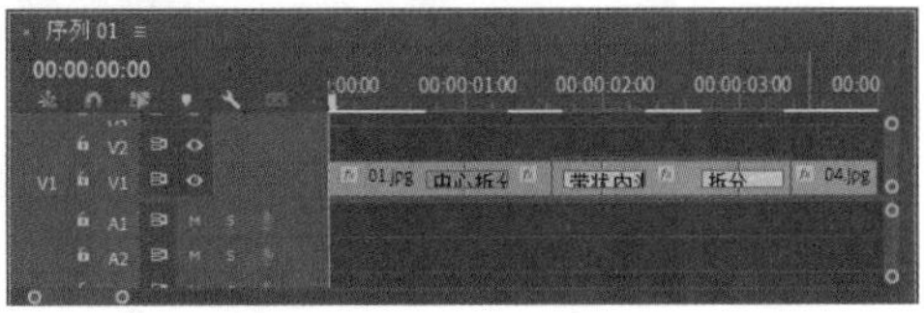

图5-17

⑪ 按Space键播放画面，案例最终效果如图5-18所示。

图5-18

5.1.2 中心拆分

选中"中心拆分"过渡效果，然后将其拖曳到两段剪辑的连接处，就会自动生成过渡效果，如图5-19所示。移动播放指示器，可以观察到位于过渡区域之前的一段剪辑从中心拆分为4块，然后在下方显示出后一段剪辑，如图5-20所示。

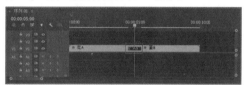

图5-19

图5-20

选中过渡效果，在"效果控件"面板中可以设置过渡效果的持续时间、对齐方式和边框等属性，如图5-21所示。

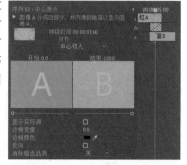

图5-21

参数详解

- **持续时间：**控制过渡效果的时长。
- **对齐：**控制过渡效果的对齐方式，有"中心切入""起点切入""终点切入"3种方式，如图5-22所示。

图5-22

- **边框宽度：**设置拆分剪辑时外围边框的宽度，如图5-23所示。
- **边框颜色：**设置拆分剪辑时外围边框的颜色，如图5-24所示。

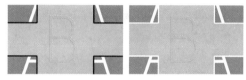

图5-23　　　　图5-24

- **反向：**勾选后会将后一段剪辑作为拆分对象，且过渡方式会从拆分转换为合并，如图5-25所示。

图5-25

5.1.3 内滑

选中"内滑"过渡效果，然后将其拖曳到两段剪辑的连接处，就会自动生成过渡效果。移动播放指示器，可以观察到位于过渡区域之后的一段剪辑会从左向右移动覆盖前一段剪辑，如图5-26所示。

图5-26

除了默认的从左向右的移动效果，在"效果控件"面板中还可以设置其他方向的移动效果，如图5-27所示。单击不同方向的按钮，就能生成不同的移动过渡效果，如图5-28所示。

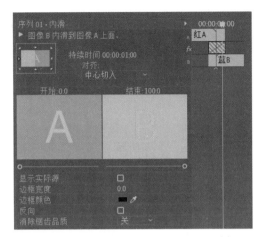

图5-27

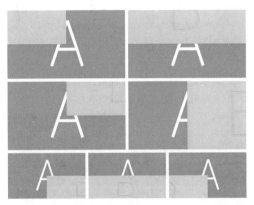

图5-28

> ⓘ 技巧与提示
>
> 其他参数的用法与"中心拆分"过渡效果相似,这里不赘述。

5.1.4 带状内滑

"带状内滑"过渡效果与"内滑"过渡效果相似,应用该过渡效果后,后一段剪辑从两侧以分裂的带状覆盖前一段剪辑,如图5-29所示。

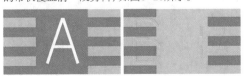

图5-29

在"效果控件"面板中可以设置该过渡效果的各种属性,其参数基本与"内滑"过渡效果相同,如图5-30所示。

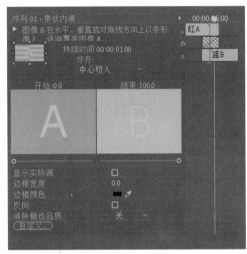

图5-30

参数详解

• **反向:** 勾选该选项后,前一段剪辑会拆分为分裂的带状,然后向两侧移动,如图5-31所示。

图5-31

• **自定义:** 单击该按钮,会弹出"带状内滑设置"对话框,如图5-32所示。在对话框中可以设置分裂的带状数量,默认为7。

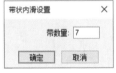

图5-32

5.1.5 急摇

"急摇"过渡效果用于在两段剪辑之间产生带模糊的滑动过渡效果,如图5-33所示。在"效果控件"面板中只能简单调节该过渡效果的持续时间和对齐方式。

图5-33

5.1.6 拆分

"拆分"过渡效果与"中心拆分"过渡效果类似，它将前一段剪辑从中间一分为二，然后向两侧移动，以显示后一段剪辑，如图5-34所示。

图5-34

除了默认的横向拆分，还可以在"效果控件"面板中设置竖向的拆分方式，如图5-35所示。

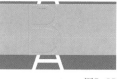

图5-35

5.1.7 推

"推"过渡效果会让后一段剪辑和前一段剪辑同时移动，从而进行切换，如图5-36所示。

图5-36

除了横向推动，也可以设置竖向推动，如图5-37所示。

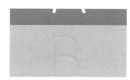

图5-37

5.2 划像

"划像"类过渡效果会将两段剪辑以特定形状进行放大或缩小，从而形成过渡效果，如图5-38所示。

图5-38

本节知识点

名称	学习目标	重要程度
交叉划像	熟悉"交叉划像"过渡效果的使用方法	中
圆划像	熟悉"圆划像"过渡效果的使用方法	中
盒形划像	掌握"盒形划像"过渡效果的使用方法	中
菱形划像	熟悉"菱形划像"过渡效果的使用方法	中

5.2.1 课堂案例：城市电子相册

案例文件	案例文件 >CH05> 课堂案例：城市电子相册
难易指数	★★★☆☆
学习目标	掌握"划像"类过渡效果的使用方法

运用"划像"类过渡效果，制作一个简单的城市主题电子相册，效果如图5-39所示。

图5-39

01 双击"项目"面板空白区域，在弹出的"导入"对话框中选择本书学习资源"案例文件 >CH05>课堂案例：城市电子相册"文件夹中的所有素材，导入后如图5-40所示。

图5-40

02 按快捷键Ctrl+N新建一个应用了AVCHD 1080p25预设的序列，然后将01.jpg素材拖曳到V1轨道上，如图5-41所示。

图5-41

03 移动播放指示器到00:00:01:00的位置，使用"剃刀工具"裁剪剪辑，并删掉后半部分剪辑，如图5-42所示。

图5-42

04 将其余素材都添加到轨道上，且持续时间均为1秒，如图5-43所示。

图5-43

05 在"效果"面板中选中"交叉划像"过渡效果，然后按住鼠标左键将其拖曳到01.jpg和02.jpg之间，如图5-44所示。效果如图5-45所示。

图5-44

图5-45

06 选中"交叉划像"过渡效果，在"效果控件"面板中设置"持续时间"为00:00:00:20，如图5-46所示。

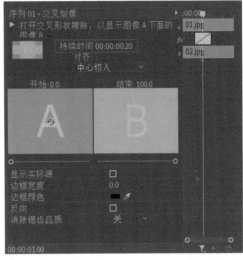

图5-46

07 选中"圆划像"过渡效果，然后将其拖曳到02.jpg与03.jpg之间，如图5-47所示。效果如图5-48所示。

图5-47

图5-48

08 选中"圆划像"过渡效果，在"效果控件"面板中设置"持续时间"为00:00:00:20，然后勾选"反向"选项，如图5-49所示。效果如图5-50所示。

09 选中"盒形划像"过渡效果，然后将其拖曳到03.jpg与04.jpg之间，如图5-51所示。效果如图5-52所示。

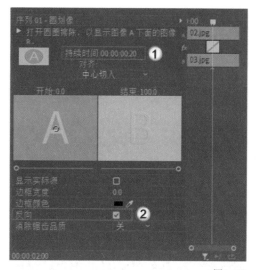

图5-49

图5-50

图5-51

图5-52

10 选中"盒形划像"过渡效果，在"效果控件"面板中设置"持续时间"为00:00:00:20，如图5-53所示。

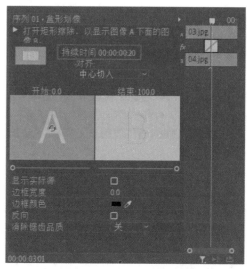

图5-53

11 按Space键播放画面，案例最终效果如图5-54所示。

图5-54

5.2.2 交叉划像

"交叉划像"过渡效果与"中心拆分"过渡效果类似，也是将前一段剪辑拆分为4块，不同的是"交叉划像"的拆分块不会向外移动，只沿着拆分的位置逐渐减少，如图5-55所示。

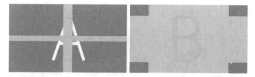

图5-55

勾选"反向"选项后，后一段剪辑会沿着拆分位置逐渐放大，如图5-56所示。

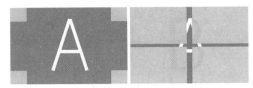

图5-56

5.2.3 圆划像

"圆划像"过渡效果会将后一段剪辑从一个圆形中逐渐展开，直到全部覆盖前一段剪辑，如图5-57所示。

图5-57

> ⚠ **技巧与提示**
>
> "圆划像"过渡效果可以简单地理解为在后一段剪辑上添加了一个圆形的蒙版，然后为这个蒙版添加"缩放"关键帧。

在"效果控件"面板中勾选"反向"选项后，前一段剪辑会随圆形逐渐缩小，直到全部消失，显示出后一段剪辑，如图5-58所示。

图5-58

5.2.4 盒形划像/菱形划像

"盒形划像"和"菱形划像"过渡效果与上一小节讲解的"圆划像"过渡效果类似，只不过将圆形替换为了方形和菱形，如图5-59所示。

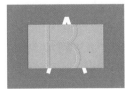

图5-59

5.3 擦除

"擦除"类过渡效果较多，可以实现丰富的过渡变化。本节将为读者讲解一些常见的"擦除"类过渡效果，如图5-60所示。

图5-60

本节知识点

名称	学习目标	重要程度
划出	掌握"划出"过渡效果的使用方法	高
带状擦除	掌握"带状擦除"过渡效果的使用方法	高
径向擦除	掌握"径向擦除"过渡效果的使用方法	高
插入	熟悉"插入"过渡效果的使用方法	中
棋盘擦除	熟悉"棋盘擦除"过渡效果的使用方法	中
油漆飞溅	掌握"油漆飞溅"过渡效果的使用方法	高
百叶窗	掌握"百叶窗"过渡效果的使用方法	高
随机擦除	掌握"随机擦除"过渡效果的使用方法	高
风车	熟悉"风车"过渡效果的使用方法	中

5.3.1 课堂案例：风景视频转场

案例文件	案例文件 >CH05> 课堂案例：风景视频转场
难易指数	★★★☆☆
学习目标	掌握"擦除"类过渡效果的使用方法

本案例要为4个风景视频素材添加"擦除"类过渡效果，形成连贯的转场效果，如图5-61所示。

图5-61

01 双击"项目"面板空白区域，在弹出的"导
入"对话框中选择本书学习资源"案例文件
>CH05>课堂案例：风景视频转场"文件夹中的
所有素材，导入后如图5-62所示。

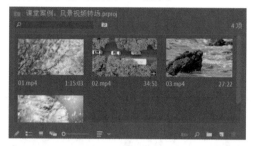

图5-62

02 新建一个应用了AVCHD 1080p25预设的序
列，然后双击01.mp4素材文件，在"源"监视器
中设置素材的入点为00:00:08:00的位置、出点
为00:00:10:00的位置，如图5-63所示。

图5-63

03 单击"插入"按钮🎬将入点和出点间的剪辑
片段插入轨道，如图5-64所示。效果如图5-65
所示。

04 双击02.mp4素材文件，在"源"监视器中设置
00:00:02:00的位置为出点，然后单击"插入"按钮
🎬将其插在01.mp4剪辑的后方，如图5-66和
图5-67所示。效果如图5-68所示。

图5-64

图5-65

图5-66

图5-67

图5-68

05 双击03.mp4素材文件，在"源"监视器中设
置00:00:10:00的位置为入点、00:00:12:00的位
置为出点，然后单击"插入"按钮🎬将其插在
02.mp4剪辑的后方，如图5-69和图5-70所示。
效果如图5-71所示。

图5-69

图5-70

图5-71

06 双击04.mp4素材文件，在"源"监视器中设置00:00:02:00的位置为出点，然后单击"插入"按钮将其插在03.mp4剪辑的后方，如图5-72和图5-73所示。效果如图5-74所示。

图5-72

图5-73

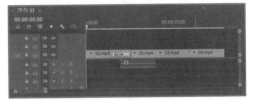

图5-74

07 在"效果"面板中选中"划出"过渡效果，然后将其添加到01.mp4剪辑和02.mp4剪辑之间，如图5-75所示。效果如图5-76所示。

图5-75

图5-76

08 选中"棋盘擦除"过渡效果，将其添加到02.mp4剪辑和03.mp4剪辑中间，如图5-77所示。效果如图5-78所示。

09 选中"棋盘擦除"过渡效果，在"效果控件"面板中设置过渡方向为"自东向西"，如图5-79所示。效果如图5-80所示。

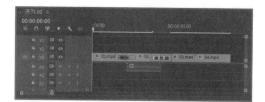

图5-77

图5-78

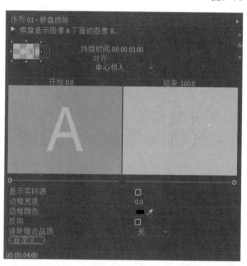

图5-79

图5-80

⑩ 选中"风车"过渡效果，将其添加到03.mp4

剪辑和04.mp4剪辑之间，如图5-81所示。效果如图5-82所示。

图5-81

图5-82

⑪ 按Space键播放画面，案例最终效果如图5-83所示。

图5-83

5.3.2 划出

"划出"过渡效果与"内滑"过渡效果大致相同，不同的地方在于后一段剪辑的位置始终不变，从左向右逐渐覆盖前一段剪辑，如图5-84所示。

图5-84

① 技巧与提示

也可以在"效果控件"面板中选择"划出"过渡效果的划出方向。

5.3.3 带状擦除

"带状擦除"过渡效果与"带状内滑"过渡效果相似，区别在于"带状擦除"的剪辑本身位置不会移动，如图5-85所示。

图5-85

5.3.4 径向擦除

"径向擦除"过渡效果是将后一段剪辑以画面的一个角为中心旋转一周，从而覆盖前一段剪辑，如图5-86所示。

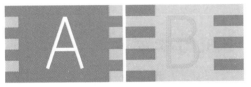

图5-86

默认情况下以前一段剪辑的左上角为中心进行旋转，也可以以其他3个角为圆心进行旋转，如图5-87所示。

图5-87

5.3.5 插入

"插入"过渡效果是将后一段剪辑从左上角逐渐放大，从而覆盖前一段剪辑，如图5-88所示。

图5-88

默认情况下从前一段剪辑的左上角逐渐放大，也可以从其他3个角逐渐放大，如图5-89所示。

图5-89

5.3.6 棋盘擦除

"棋盘擦除"过渡效果是通过棋盘格的效果交替显示前后两段剪辑，从而使后一段剪辑覆盖前一段剪辑，如图5-90所示。

图5-90

① 技巧与提示

"棋盘"过渡效果与"棋盘擦除"过渡效果类似，但"棋盘"过渡效果不能指定擦除方向。

在"效果控件"面板中单击"自定义"按钮  自定义 ，可以在弹出的"棋盘擦除设置"对话框中设置棋盘的格子数，如图5-91所示。

图5-91

5.3.7 油漆飞溅

"油漆飞溅"过渡效果是以模拟液体飞溅的形式用后一段剪辑覆盖前一段剪辑，如图5-92所示。"油漆飞溅"过渡效果在日常制作中比较常用。

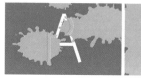

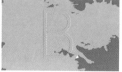

图5-92

> **技巧与提示**
>
> “油漆飞溅”过渡效果无法设置效果的生成方向。

5.3.8 百叶窗

“百叶窗”渐变效果是用后一段剪辑以百叶窗的形式覆盖前一段剪辑，如图5-93所示。

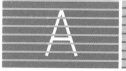

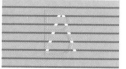

图5-93

在“效果控件”面板中可以设置百叶窗移动的方向，如图5-94所示。单击“自定义”按钮，在弹出的对话框中可以设置百叶窗的数量，如图5-95所示。

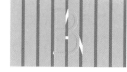

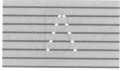

图5-94

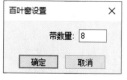

图5-95

5.3.9 随机擦除

“随机擦除”过渡效果是利用随机的方块对前一段剪辑进行擦除，从而显示后一段剪辑，但擦除带有方向性，如图5-96所示。

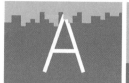

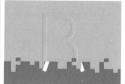

图5-96

> **技巧与提示**
>
> “随机块”过渡效果与“随机擦除”过渡效果类似，但“随机块”过渡效果不带方向性。

5.3.10 风车

“风车”过渡效果是以画面中心为旋转中心，使后一段剪辑以风车叶片的形式擦除前一段剪辑，如图5-97所示。

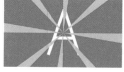

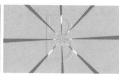

图5-97

在“效果控件”面板中单击“自定义”按钮，在弹出的对话框中可以设置叶片的数量，如图5-98所示。

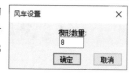

图5-98

5.4 溶解

“溶解”类过渡效果在日常制作中比较常用，这类效果会将两段剪辑以不同的形式进行融合过渡，如图5-99所示。

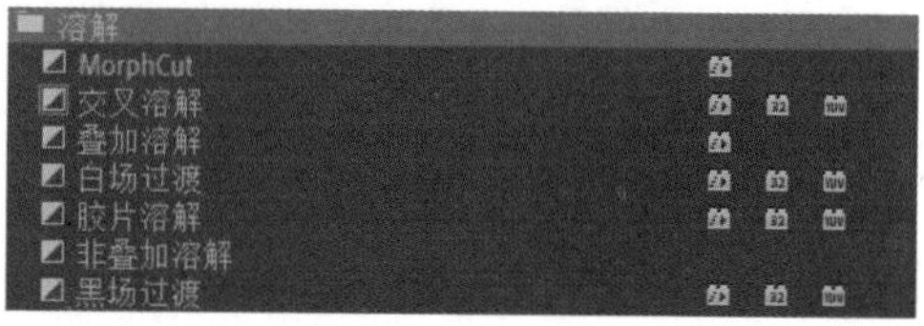

图5-99

本节知识点

名称	学习目标	重要程度
交叉溶解	掌握"交叉溶解"过渡效果的使用方法	高
叠加溶解	熟悉"叠加溶解"过渡效果的使用方法	中
白场过渡	掌握"白场过渡"过渡效果的使用方法	高
黑场过渡	掌握"黑场过渡"过渡效果的使用方法	高
胶片溶解	熟悉"胶片溶解"过渡效果的使用方法	中
非叠加溶解	熟悉"非叠加溶解"过渡效果的使用方法	中

5.4.1 课堂案例：游乐场视频转场

案例文件	案例文件 >CH05> 课堂案例：游乐视频转场
难易指数	★★★☆☆
学习目标	掌握"溶解"类过渡效果的使用方法

本案例要为4个游乐场主题的素材添加"溶解"类过渡效果，使其形成独特的转场效果，如图5-100所示。

图5-100

01 双击"项目"面板空白区域，在弹出的"导入"对话框中选择本书学习资源"案例文件 >CH05>课堂案例：游乐场视频转场"文件夹中的素材，导入后如图5-101所示。

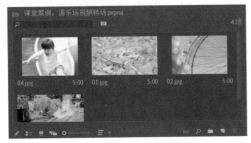

图5-101

02 新建一个应用了AVCHD 1080p25预设的序列，然后将素材视频拖曳到轨道上，并将每个剪辑的持续时间设置为1秒，如图5-102所示。

图5-102

03 在"效果"面板中选中"白场过渡"过渡效果，然后将其添加到01.jpg剪辑的起始位置，如图5-103所示。

图5-103

04 选中"白场过渡"过渡效果，在"效果控件"面板中设置"持续时间"为00:00:00:10，如图5-104所示。序列如图5-105所示。

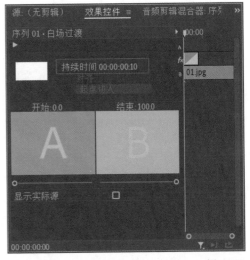

图5-104

图5-105

05 选中"交叉溶解"过渡效果，然后将其添加到

01.jpg剪辑和02.jpg剪辑之间，如图5-106所示。效果如图5-107所示。

图5-106

图5-107

06 选中"胶片溶解"过渡效果，然后将其添加到02.jpg剪辑和03.jpg剪辑之间，如图5-108所示。效果如图5-109所示。

图5-108

图5-109

07 选中"叠加溶解"过渡效果，然后将其添加到03.jpg剪辑和04.jpg剪辑之间，如图5-110所示。效果如图5-111所示。

图5-110

图5-111

08 选中"黑场过渡"过渡效果，将其添加到04.jpg剪辑的末尾，如图5-112所示，并设置"持续时间"为00:00:00:10。效果如图5-113所示。

图5-112

图5-113

09 按Space键播放画面，案例最终效果如图5-114所示。

图5-114

5.4.2 交叉溶解

"交叉溶解"过渡效果会让前一段剪辑渐隐于后一段剪辑，从而形成过渡效果，如图5-115

所示。这种效果类似于在前一段剪辑中添加“不透明度”关键帧，从而形成过渡效果。

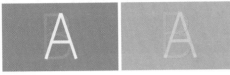

图5-115

> **技巧与提示**
>
> “交叉溶解”是Premiere Pro默认的过渡效果，按快捷键Ctrl+D就能在播放指示器的位置添加该效果。

5.4.3 叠加溶解

“叠加溶解”过渡效果是在“交叉溶解”的基础上，使两段剪辑产生叠加混合效果，从而让某些像素变亮或曝光，如图5-116所示。“叠加溶解”过渡效果只能设置过渡的时长和对齐方式，没有其他参数，用法较为简单。

图5-116

5.4.4 白场过渡/黑场过渡

“白场过渡”和“黑场过渡”过渡效果在影视剪辑中运用较多，这两种过渡效果的工作原理一样。以“白场过渡”为例，是在两个剪辑中间添加一个白色的剪辑，使前段剪辑的呈现逐渐消失到变白色，后段剪辑呈现由白色逐渐到显示，如图5-117所示。图5-118所示是“黑场过渡”过渡效果。

图5-117

图5-118

5.4.5 胶片溶解

“胶片溶解”过渡效果会让前一段剪辑以线性方式渐隐于后一段剪辑，从而形成过渡效果，如图5-119所示。其原理与“交叉溶解”过渡效果相似，只是在图片混合方式上有所不同。

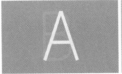

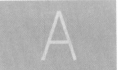

图5-119

5.4.6 非叠加溶解

“非叠加溶解”过渡效果是将前一段剪辑的明度映射到后一段剪辑上，从而形成过渡效果，如图5-120所示。

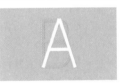

图5-120

5.5 缩放和页面剥落

“缩放”类视频过渡效果中只有一种过渡效果，即“交叉缩放”，“页面剥落”类过渡效果中包含“翻页”和“页面剥落”两种过渡效果，如图5-121所示。

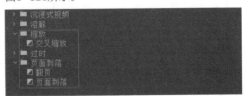

图5-121

本节知识点

名称	学习目标	重要程度
交叉缩放	掌握"交叉缩放"过渡效果的使用方法	高
翻页	熟悉"翻页"过渡效果的使用方法	中
页面剥落	熟悉"页面剥落"过渡效果的使用方法	中

5.5.1 课堂案例：风景主题相册

案例文件	案例文件 >CH05> 课堂案例：风景主题相册
难易指数	★★★☆☆
学习目标	掌握"缩放"和"页面剥落"类过渡效果的使用方法

本案例运用"缩放"和"页面剥落"类过渡效果将4张风景图片自然、流畅地连接起来，制作一个主题相册，如图5-122所示。

图5-122

01 双击"项目"面板空白区域，在弹出的"导入"对话框中选择本书学习资源"案例文件>CH05>课堂案例：风景主题相册"文件夹中的素材，导入后如图5-123所示。

图5-123

02 新建一个应用了AVCHD 1080p25预设的序列，然后将素材拖曳到轨道上，并将每个剪辑的持续时间均设置为1秒，如图5-124所示。

03 在"效果"面板中选中"交叉缩放"过渡效果，然后将其添加到01.jpg剪辑和02.jpg剪辑之间，如图5-125所示。效果如图5-126所示。

图5-124

图5-125

图5-126

04 选中"翻页"过渡效果，将其添加到02.jpg剪辑和03.jpg剪辑之间，如图5-127所示。效果如图5-128所示。

图5-127

图5-128

05 在03.jpg剪辑和04.jpg剪辑之间继续添加"交叉缩放"过渡效果，如图5-129所示。效果如图5-130所示。

图5-129

图5-130

06 按Space键播放画面，案例最终效果如图5-131所示。

图5-131

5.5.2 交叉缩放

"交叉缩放"过渡效果是将前一段剪辑放大，同时将后一段剪辑缩小，从而形成过渡效果，如图5-132所示。

图5-132

> ⓘ 技巧与提示
>
> 为剪辑添加"缩放"关键帧也可以达到"交叉缩放"的效果，但关键帧可以调节缩放的速度，"交叉缩放"只能匀速过渡。

5.5.3 翻页

"翻页"过渡效果是将前一段剪辑卷曲移动，从而显示后一段剪辑，类似于翻书的效果，如图5-133所示。

图5-133

默认状态下是从左上角开始显示翻页效果，还可以设置从其他3个角开始的翻页效果，如图5-134所示。

图5-134

5.5.4 页面剥落

"页面剥落"过渡效果在"翻页"的基础上添加了阴影，如图5-135所示。

图5-135

5.6 课后习题

本章讲解了常见的视频过渡效果，下面通过两个课后习题巩固本章所学的内容。

5.6.1 课后习题：国潮主题视频

案例文件	案例文件 >CH05> 课后习题：国潮主题视频
难易指数	★★★☆☆
学习目标	掌握视频过渡效果的使用方法

通过本章的学习，运用不同类型的视频过渡效果串联多个国潮主题的素材，使它们形成一个完整的视频，效果如图5-136所示。

图5-136

01 新建一个应用了AVCHD 1080p25预设的序列，将素材依次添加到序列中。

02 在首尾两段剪辑上添加"白场过渡"过渡效果。

03 在两段剪辑之间依次添加"推""交叉溶解""交叉缩放"过渡效果。

5.6.2 课后习题：商务视频转场

案例文件	案例文件 >CH05> 课后习题：商务视频转场
难易指数	★★★☆☆
学习目标	掌握视频过渡效果的使用方法

运用本章学习的过渡效果的知识，将4段视频素材串联为一个商务主题的视频，效果如图5-137所示。

图5-137

01 新建一个应用了AVCHD 1080p25预设的序列，将素材依次添加到序列中。

02 在首尾两段剪辑上添加"黑场过渡"过渡效果。

03 在两段剪辑之间依次添加"叠加溶解""划出""交叉溶解"过渡效果。

第 6 章

视频效果

本章导读

　　Premiere Pro 为用户提供了多种类型的视频效果，可以美化视频画面、烘托氛围，帮助用户制作出令人惊艳的视频。本章内容较多，请读者耐心学习。

学习目标

◆　掌握常用的视频效果。

◆　能够熟练运用视频效果。

6.1 变换

在"效果"面板中展开"视频效果"菜单，第1个出现的效果类型就是"变换"。其中的效果可以使素材产生翻转、羽化和裁剪等变换效果，如图6-1所示。

图6-1

本节知识点

名称	学习目标	重要程度
垂直翻转	熟悉"垂直翻转"效果的使用方法	中
水平翻转	熟悉"水平翻转"效果的使用方法	中
羽化边缘	熟悉"羽化边缘"效果的使用方法	中
裁剪	掌握"裁剪"效果的使用方法	高

6.1.1 课堂案例：动态创意片头

案例文件	案例文件 >CH06> 课堂案例：动态创意片头
难易指数	★★★★☆
学习目标	掌握"裁剪"效果的使用方法

运用"裁剪"效果，可以实现画面依次呈现的效果，生成一个动态创意片头，如图6-2所示。

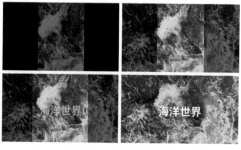

图6-2

01 双击"项目"面板空白区域，在弹出的"导入"对话框中选择本书学习资源"案例文件>CH06>课堂案例：动态创意片头"文件夹中的"素材.mp4"文件，导入后如图6-3所示。

图6-3

02 按快捷键Ctrl+N新建一个应用了AVCHD 1080p25预设的序列，然后将素材文件拖曳到序列中，如图6-4所示。

图6-4

03 移动播放指示器到00:00:02:00的位置，然后使用"剃刀工具"裁剪并删掉后半段剪辑，如图6-5所示。

图6-5

04 在"效果"面板中搜索"黑白"效果，然后将其添加到"素材.mp4"剪辑上，此时画面变成黑白效果，如图6-6和图6-7所示。

图6-6

技巧与提示

在搜索栏中输入效果名称可以更快地找到需要的效果。

图6-7

05 在"效果控件"面板中设置"不透明度"为50%，如图6-8所示。效果如图6-9所示。

图6-8

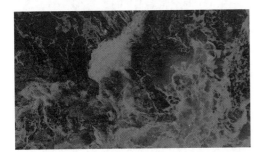

图6-9

06 在"效果"面板中搜索"裁剪"效果并将其添加到剪辑上，然后在剪辑起始位置设置"左侧"和"右侧"都为50%，并为它们添加关键帧，设置"顶部"为0，如图6-10和图6-11所示。此时画面全黑，没有显示任何内容。

图6-10

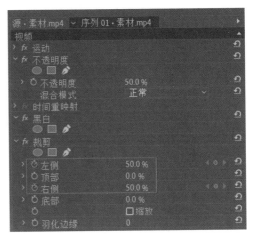

图6-11

07 移动播放指示器到00:00:01:00的位置，然后设置"左侧""顶部""右侧"都为0%，如图6-12所示。此时画面恢复原始状态。

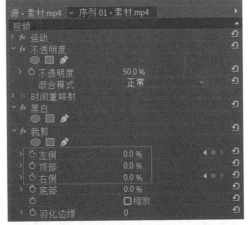

图6-12

08 按住Alt键将轨道上的剪辑向上拖曳，以移动复制剪辑，如图6-13所示。

图6-13

09 选中复制的"素材.mp4"剪辑，然后设置"不透明度"为100%，并删掉"黑白"效果只保留"裁剪"效果，其参数设置如图6-14所示。效果如图6-15所示。

图6-14

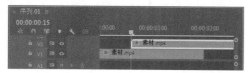

图6-15

⑩ 移动播放指示器到00:00:00:15的位置,然后移动V2轨道上的剪辑的起始位置到播放指示器所在的位置,如图6-16所示。效果如图6-17所示。

图6-16

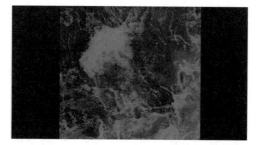

图6-17

⑪ 移动播放指示器到00:00:01:00的位置,然后

使用"文字工具" T 在画面中输入"海洋世界",接着在"效果控件"面板中设置"字体"为"思源黑体CN"、"字体样式"为Bold、"字体大小"为176、"填充"为白色,如图6-18所示。

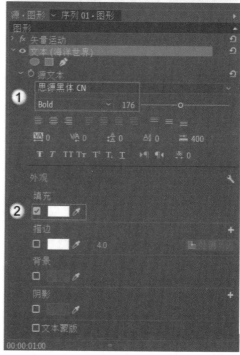

图6-18

> ① **技巧与提示**
>
> 文本内容和字体等仅为参考。

⑫ 选中文本剪辑,在剪辑起始位置设置"不透明度"为0%,并添加关键帧,如图6-19所示。

⑬ 移动播放指示器到00:00:01:05的位置,设置"不透明度"为100%,如图6-20所示。效果如图6-21所示。

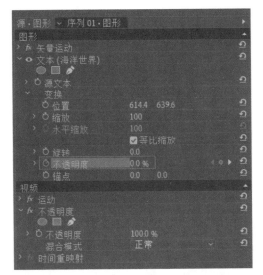

图6-19

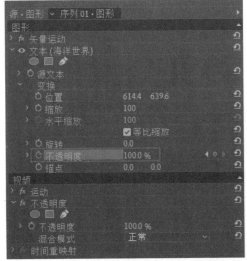

图6-20

图6-21

图6-21（续）

14 按Space键预览动画，案例最终效果如图6-22所示。

图6-22

6.1.2 垂直翻转

选中"垂直翻转"效果，然后将其拖曳到剪辑上，画面会自动垂直翻转，如图6-23所示。

翻转前 　　　　翻转后

图6-23

在"效果控件"面板中可以利用蒙版设置剪辑翻转的区域，如图6-24所示。

图6-24

6.1.3 水平翻转

选中"水平翻转"效果，然后将其拖曳到剪辑上，画面会自动水平翻转，如图6-25所示。

图6-25

与"垂直翻转"效果一样，"水平翻转"效果也可以利用蒙版控制水平翻转的区域，如图6-26所示。

图6-26

6.1.4 羽化边缘

选中"羽化边缘"效果，然后将其拖曳到剪辑上，对素材的边缘进行羽化模糊处理。图6-27所示为该效果的"效果控件"面板。

图6-27

在"效果控件"面板中可以使用蒙版设置需要羽化的区域，也可以通过设置"数量"值来控制羽化的大小，图6-28所示是"数量"为20和90的对比效果。

图6-28

6.1.5 裁剪

选中"裁剪"效果，然后将其拖曳到剪辑上，可以通过相关参数来调整剪辑裁剪的大小。图6-29所示为"裁剪"效果的"效果控件"面板。

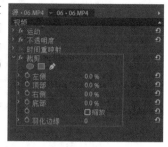

图6-29

参数详解

- **左侧/顶部/右侧/底部：** 设置各个方向裁剪的大小，左右两侧的裁剪效果如图6-30所示。

图6-30

- **缩放：** 勾选后会根据显示区域的大小自动将裁剪后的素材画面平铺在整个显示区域，如图6-31所示。

- **羽化边缘：** 对裁剪后的剪辑边缘进行羽化处理，如图6-32所示。

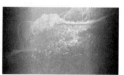

图6-31　　　　　　　　图6-32

6.2 扭曲

"扭曲"类视频效果较多，包括"偏移""变换""放大"等，可以让视频产生各种形式的形变，如图6-33所示。

图6-33

本节知识点

名称	学习目标	重要程度
Lens Distortion	熟悉镜头畸变效果的使用方法	中
偏移	熟悉"偏移"效果的使用方法	中
变换	熟悉"变换"效果的使用方法	中
放大	掌握"放大"效果的使用方法	高
旋转扭曲	熟悉"旋转扭曲"效果的使用方法	中
波形变形	熟悉"波形变形"效果的使用方法	中
湍流置换	掌握"湍流置换"效果的使用方法	高
球面化	熟悉"球面化"效果的使用方法	中
边角定位	熟悉"边角定位"效果的使用方法	中
镜像	掌握"镜像"效果的使用方法	高

6.2.1 课堂案例: 拉镜过渡视频

案例文件	案例文件 >CH06>课堂案例: 拉镜过渡视频
难易指数	★★★★☆
学习目标	掌握"变换"效果和"镜像"效果的使用方法

拉镜过渡在短视频中经常出现,看起来很炫酷。本案例就为读者讲解制作拉镜过渡需要用到的"变换"和"镜像"两个效果的使用方法,效果如图6-34所示。

图6-34

01 双击"项目"面板空白区域,在弹出的"导入"对话框中选择本书学习资源"案例文件>CH06>课堂案例: 拉镜过渡视频"文件夹中的素材文件,导入后如图6-35所示。

图6-35

02 选中01.jpg素材文件并将其拖曳到"时间轴"面板中,生成一个序列,如图6-36所示。效果如图6-37所示。

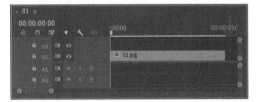

图6-36

图6-37

03 在"效果"面板中选中"变换"效果,然后将其添加到剪辑上,如图6-38所示。

图6-38

04 在"变换"卷展栏中设置"缩放"为50,如图6-39所示。效果如图6-40所示。

05 在"效果"面板中选中"镜像"效果,然后为剪辑依次添加4个该效果,如图6-41所示。

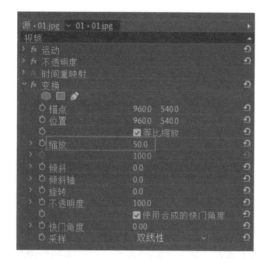

图6-39

图6-40

图6-41

06 在第1个"镜像"效果中调整"反射中心"的数值，使镜像的图像出现在画面右侧，与原图相接且不留缝隙，效果如图6-42所示。

图6-42

07 在第2个"镜像"效果中调整"反射中心"的数值，然后设置"反射角度"为180°，使镜像的图像出现在画面左侧，与原图相接且不留缝隙，如图6-43所示。

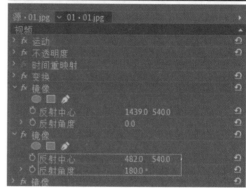

图6-43

08 在第3个"镜像"效果中调整"反射中心"的数值，然后设置"反射角度"为90°，使镜像的图像出现在画面下方，与原图相接且不留缝隙，如图6-44所示。

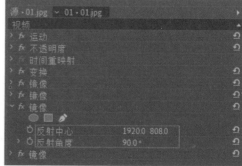

图6-44

09 在第4个"镜像"效果中调整"反射中心"的数值,然后设置"反射角度"为-90°,使镜像的图像出现在画面上方,与原图相接且不留缝隙,如图6-45所示。

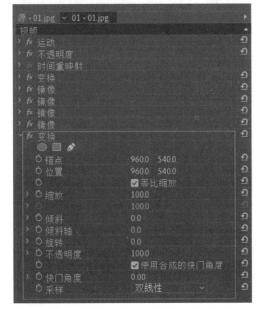

图6-45

10 再次选中"变换"效果,然后将其添加到剪辑上,使其处于"效果控件"面板的最下方,如图6-46所示。

图6-46

11 在"运动"卷展栏中设置"缩放"为200,如图6-47所示,就可以让图片恢复到原始大小。效果如图6-48所示。

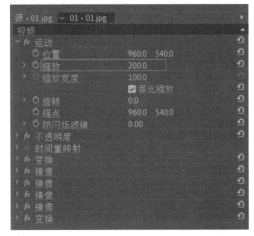

图6-47

图6-48

> **① 技巧与提示**
>
> 通过上面的设置,读者可以发现拉镜效果的参数非常多,且比较复杂。如果每次添加拉镜效果都要设置一次参数会非常麻烦,大大降低剪辑的效率。下面讲解一下如何保存效果预设。
>
> **第1步:** 按住Ctrl键从上到下依次选中下方的两个"变换"效果及4个"镜像"效果,如图6-49所示。读者需要注意,这里必须按照从上到下顺序选择,如果更改了顺序或是间隔选择,后期调用拉镜效果时会出问题。
>
> **第2步:** 单击鼠标右键,在弹出的菜单中选择"保存预设"选项,如图6-50所示。

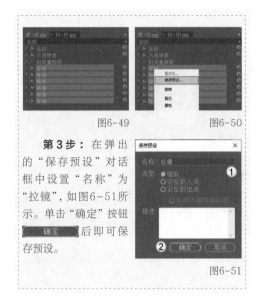

图6-49 　　　　　　　　　图6-50

第3步：在弹出的"保存预设"对话框中设置"名称"为"拉镜"，如图6-51所示。单击"确定"按钮 确定 后即可保存预设。

图6-51

⑫ 将01.jpg剪辑缩短至3秒，如图6-52所示。

图6-52

⑬ 在剪辑起始位置展开最下方的"变换"卷展栏，为"位置"和"缩放"两个参数添加关键帧，如图6-53所示。

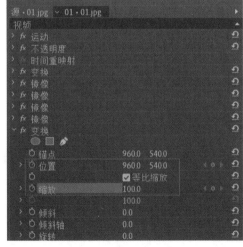

图6-53

⑭ 移动播放指示器到剪辑末尾，然后向右移动画面，并将其稍微放大一些，效果及具体参数设置如图6-54所示。

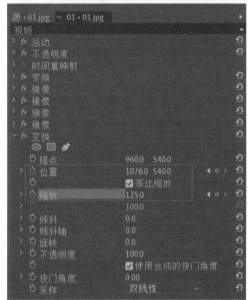

图6-54

> **① 技巧与提示**
>
> 　　设置的"位置"和"缩放"参数仅供参考，读者可以在提供的参数的基础上进行调整。

⑮ 选中所有"位置"和"缩放"关键帧，然后单击鼠标右键，在弹出的菜单中依次选择"缓入"和"缓出"选项，如图6-55所示。

图6-55

16 打开"位置"和"缩放"属性的速度曲线，然后调整为图6-56所示的效果，这样就能形成加速的运动效果。

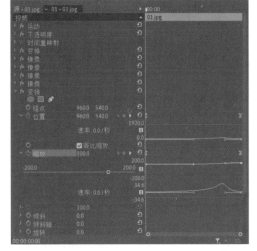

图6-56

17 选中02.jpg素材文件，将其添加到01.jpg剪辑的末尾，并将其持续时间调整为3秒，如图6-57所示。效果如图6-58所示。

图6-57

图6-58

18 在"效果"面板中搜索"拉镜"，就可以在下方查看到之前保存的"拉镜"效果，如图6-59所示。

19 将"拉镜"效果添加到02.jpg剪辑上，然后设置"缩放"为200，就可以显示图片的原始效果，如图6-60所示。

图6-59

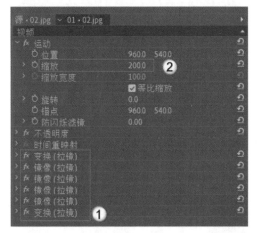

图6-60

20 在02.jpg剪辑的末尾添加最下方"变换"效果的"位置"和"缩放"关键帧，使其保持原位不变，如图6-61所示。

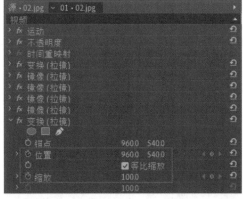

图6-61

21 在剪辑起始位置将02.jpg向右移动并放大，这样就能很好地与上一个剪辑的末尾衔接，具体参数设置如图6-62所示。效果如图6-63所示。

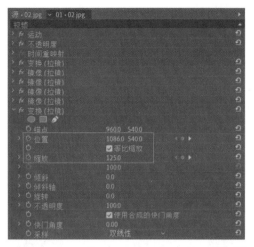

图6-62

图6-63

22 调整"位置"和"缩放"属性的速度曲线,效果如图6-64所示。这样就能形成减速的运动效果。

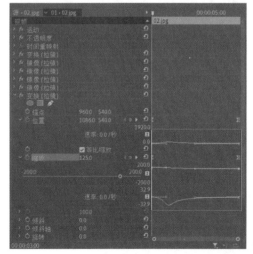

图6-64

23 按Space键预览动画,案例最终效果如

图6-65所示。

图6-65

6.2.2 Lens Distortion

Lens Distortion(镜头畸变)效果能让画面产生类似镜头畸变的变形感,如图6-66所示。在"效果控件"面板中可以设置不同的变形效果,如图6-67所示。

图6-66

图6-67

参数详解

• **Curvature(曲率):** 该参数控制画面变形的程度,正值和负值会有不同的变形效果,如图6-68所示。

图6-68

- **Vertical Decentering（垂直偏移）：** 设置变形中心在垂直方向上的位移，如图6-69所示。

图6-69

- **Horizontal Decentering（水平偏移）：** 设置变形中心在水平方向上的位移，如图6-70所示。

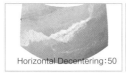

图6-70

- **Fill Alpha（填充Alpha）：** 默认勾选该选项，在画面变形后用颜色填充空出来的背景。
- **Fill Color（填充颜色）：** 设置填充的颜色，默认为白色。

6.2.3 偏移

"偏移"效果可以让画面产生水平或垂直的移动，画面中空缺的像素会自动补充。添加"偏移"效果后画面不会有任何变化，必须在"效果控件"面板中进行设置才会发生改变，如图6-71和图6-72所示。

图6-71　　　　　　图6-72

参数详解

- **将中心移位至：** 用于改变素材的中心位置。
- **与原始图像混合：** 将调整后的效果与原图进行混合处理，如图6-73所示。

> ⓘ **技巧与提示**
>
> 在旧版本的Premiere Pro中，"偏移"效果也被翻译为"位移"。

图6-73

6.2.4 变换

"变换"效果可以对素材的位置、大小、角度和不透明度进行调整。在"效果控件"面板中可以设置素材的位置、缩放和倾斜等参数，如图6-74所示。

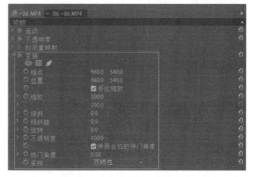

图6-74

参数详解

- **锚点：** 调整素材中心点的位置。
- **位置：** 设置素材的位置，如图6-75所示。
- **等比缩放：** 勾选该选项后，在"缩放"中调整参数，素材会按照比例进行放大或缩小，如图6-76所示。

图6-75　　　　　　图6-76

- **倾斜：** 设置素材的旋转角度，如图6-77所示。

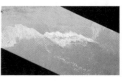

图6-77

- **不透明度：** 设置素材的不透明度。
- **快门角度：** 设置运动模糊时素材的快门角度。

6.2.5 放大

"放大"效果可以将素材局部放大，如图6-78 所示。在"效果控件" 面板中可以设置局部 放大的形状和大小等 参数，如图6-79所示。

图6-78

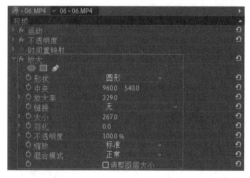

图6-79

参数详解

- **形状：** 系统提供了"圆形"和"正方形"两种形状来进行局部放大，如图6-80所示。

圆形　　　　　　　正方形

图6-80

- **中央：** 设置放大区域的位置。
- **放大率：** 设置放大的倍数，如图6-81所示。

放大率:150　　　　放大率:200

图6-81

- **链接：** 设置放大区域与放大倍数的关系。
- **大小：** 设置放大区域的大小，如图6-82所示。
- **羽化：** 设置放大区域边缘的模糊程度，如图6-83所示。

大小:200　　　　　大小:400

图6-82

羽化:0　　　　　　羽化:50

图6-83

- **不透明度：** 设置放大区域的透明程度。
- **缩放：** 控制放大的类型，包含"标准""柔和""扩散"3种。
- **混合模式：** 将放大区域与原有画面进行混合。

6.2.6 旋转扭曲

"旋转扭曲"效果以某个点为中心，使素材产生 旋转并扭曲的变化效果， 如图6-84所示。在"效 果控件"面板中可以设 置旋转的中心和旋转的 大小，如图6-85所示。

图6-84

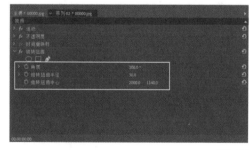

图6-85

参数详解

- **角度：** 设置素材的旋转角度。
- **旋转扭曲半径：** 设置素材在旋转过程中的半径，如图6-86所示。

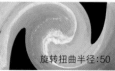

旋转扭曲半径:30　　旋转扭曲半径:50

图6-86

- **旋转扭曲中心：**设置素材的旋转中心位置，默认为画面的中心，如图6-87所示。

图6-87

6.2.7 波形变形

"波形变形"效果用于使素材产生类似水波纹的波浪形状，如图6-88所示。在"效果控件"面板中可以设置波纹的各种属性，如图6-89所示。

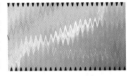

图6-88

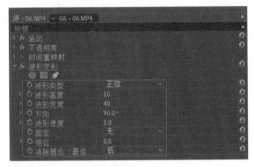

图6-89

参数详解

- **波形类型：**在其下拉菜单中可以选择不同类型的波形，如图6-90所示。

图6-90

- **波形高度：**设置波纹的高度，数值越大，波纹越高，如图6-91所示。

图6-91

- **波形宽度：**设置波纹的宽度，数值越大，波纹越宽，如图6-92所示。

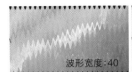 

图6-92

- **方向：**设置波形的方向，如图6-93所示。

 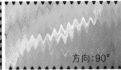

图6-93

- **波形速度：**调整波形产生的速度。
- **固定：**在该下拉菜单中可以设置固定的类型，如图6-94所示。
- **相位：**设置波形的水平移动位置。

图6-94

6.2.8 湍流置换

"湍流置换"会让素材产生扭曲变形的效果，如图6-95所示。在"效果控件"面板中可以设置置换的各种参数，如图6-96所示。

图6-95

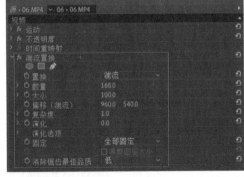

图6-96

参数详解

- **置换：**在该下拉菜单中可以设置不同的置换方式，如图6-97所示。

● **数量:** 控制素材的变形程度,如图6-98所示。

● **大小:** 设置素材的扭曲幅度,如图6-99所示。

图6-97

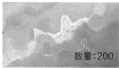 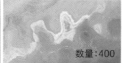

图6-98

图6-99

● **偏移(湍流):** 设置扭曲的坐标。

● **复杂度:** 控制素材变形的复杂程度,如图6-100所示。

 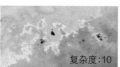

图6-100

● **演化:** 调整该数值画面中的湍流波纹会发生实时变化。在该参数上添加关键帧,就能生成动画效果。

6.2.9 球面化

"球面化"效果可以让素材产生类似放大镜的球形变形效果,如图6-101所示。在"效果控件"面板中可以设置"球面化"效果的相关参数,如图6-102所示。

图6-101   图6-102

参数详解

● **半径:** 设置球面的大小。

● **球面中心:** 设置球面在画面中的位置。

6.2.10 边角定位

"边角定位"效果通过设置素材的4个边角的位置参数来调整素材的位置。在"效果控件"面板中可以设置"左上""右上""左下""右下"参数来控制4个边角的位置,如图6-103和图6-104所示。

图6-103   图6-104

6.2.11 镜像

"镜像"效果用于制作素材对称翻转的效果,如图6-105所示。在"效果控件"面板中可以设置镜像的中心位置和角度,如图6-106所示。

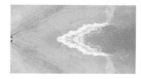 

图6-105   图6-106

参数详解

● **反射中心:** 设置镜像的中心位置,如图6-107所示。

图6-107

● **反射角度:** 设置镜像的角度,如图6-108所示。

图6-108

6.3 时间

"时间"类视频效果
中包含"残影"和"色调
分离时间"两种效果，如
图6-109所示。

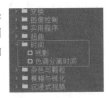

图6-109

本节知识点

名称	学习目标	重要程度
残影	熟悉"残影"效果的使用方法	中
色调分离时间	掌握"色调分离时间"效果的使用方法	高

6.3.1 课堂案例：倒计时片头

案例文件	案例文件 >CH06> 课堂案例：倒计时片头
难易指数	★★★☆☆
学习目标	掌握"色调分离时间"效果的使用方法

"色调分离时间"效果可以用于制作画面抽
帧效果，非常适合表现老电影风格的画面。本
案例制作一个老电影风格的倒计时片头，效果如
图6-110所示。

图6-110

01 双击"项目"面板空白区域，在弹出的"导
入"对话框中选择本书学习资源"案例文件>
CH06>课堂案例：倒计时片头"文件夹中的素材
文件，导入后如图6-111所示。

02 选中"倒计时.mov"素材文件，将其拖曳到"时
间轴"面板中，生成一个序列，如图6-112所示。效
果如图6-113所示。

03 按Space键预览画面，会观察到9秒以后画面
中没有文字出现。移动播放指示器到0:00:09:10

的位置，然后使用"剃刀工具" 裁剪剪辑，并
删掉后半部分，如图6-114所示。

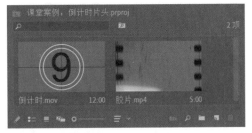

图6-111

图6-112

图6-113

图6-114

04 在"效果"面板中搜索"色调分离时间"效果
并将其添加到剪辑上，如图6-115所示。

05 在"效果控件"面板中设置"帧速率"为18，
如图6-116所示。

图6-115

图6-116

06 将"胶片.mp4"素材文件添加到V2轨道上，如图6-117所示。

图6-117

07 选中"胶片.mp4"剪辑，在"效果控件"面板中设置"混合模式"为"叠加"，如图6-118所示。效果如图6-119所示。

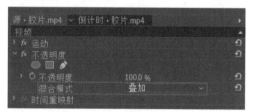

图6-118

图6-119

08 选中"胶片.mp4"剪辑并按住Alt键向右拖曳，就能复制出一个相同的剪辑，如图6-120所示。这样画面中会一直出现胶片内容。

图6-120

09 选中"倒计时.mov"剪辑上的"色调分离时间"效果，按快捷键Ctrl+C复制，然后选中两个"胶片.mp4"剪辑，并在"效果控件"面板中按快捷键Ctrl+V粘贴"色调分离时间"效果，如

图6-121所示。

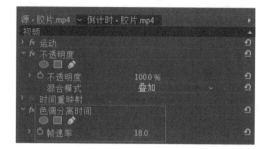

图6-121

10 按Space键预览动画，案例最终效果如图6-122所示。

图6-122

6.3.2 残影

"残影"效果会对画面中不同的帧像素进行混合处理，如图6-123所示。在"效果控件"面板中可以设置残影的相关属性，如图6-124所示。

图6-123　　　　图6-124

参数详解

• **残影时间（秒）：** 设置图像的曝光程度，以秒为单位，如图6-125所示。

图6-125

● **残影数量：** 设置图像中的残影数量，如图6-126所示。

图6-126

● **起始强度：** 调整画面的明暗度，如图6-127所示。

图6-127

● **衰减：** 设置画面线性衰减的效果。

● **残影运算符：** 在该下拉菜单中可以选择残影的运算方式，如图6-128所示。

图6-128

6.3.3 色调分离时间

"色调分离时间"效果在旧版本的Premiere Pro中叫作"抽帧时间"，可以使画面在播放时产生抽帧现象。在"效果控件"面板中设置"帧速率"可以控制每秒显示的静帧数，如图6-129所示。

图6-129

6.4 模糊与锐化

"模糊与锐化"类视频效果可以让剪辑画面变得模糊或锐利，如图6-130所示。

图6-130

本节知识点

名称	学习目标	重要程度
Camera Blur	熟悉"摄像机模糊"效果的用法	中
方向模糊	熟悉"方向模糊"效果的用法	中
钝化蒙版	熟悉"钝化蒙版"效果的用法	中
锐化	熟悉"锐化"效果的用法	中
高斯模糊	掌握"高斯模糊"效果的用法	高

6.4.1 课堂案例：宠物取景视频

案例文件	案例文件 >CH06> 课堂案例：宠物取景视频
难易指数	★★★☆☆
学习目标	掌握"高斯模糊"效果的使用方法

取景对焦时常常会有画面突然模糊的情况，运用"高斯模糊"效果就能模拟这一情况，如图6-131所示。

图6-131

01 双击"项目"面板空白区域，在弹出的"导入"对话框中选择本书学习资源"案例文件>CH06>课堂案例：宠物取景视频"文件夹中的所有素材，导入后如图6-132所示。

图6-132

02 选中"松鼠.mp4"素材文件，将其拖曳到"时间轴"面板中，生成一个序列，如图6-133所示。效果如图6-134所示。

图6-133

图6-134

03 将"取景框.mov"素材文件添加到V2轨道，如图6-135所示。效果如图6-136所示。

图6-135

图6-136

04 移动播放指示器到00:00:06:00的位置，然后按住Shift键并使用"剃刀工具" 裁剪两个剪辑，接着删掉后半部分，如图6-137所示。

图6-137

05 在"效果"面板中搜索"高斯模糊"效果，如图6-138所示，并将其添加到"松鼠.mp4"剪辑上。

图6-138

06 在00:00:00:10和00:00:01:00的位置添加"模糊度"关键帧，如图6-139所示，此时画面保持不变。

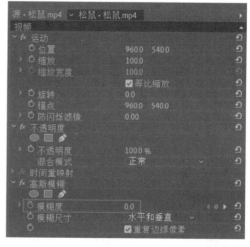

图6-139

07 在00:00:00:20的位置设置"模糊度"为100，如图6-140所示。画面变得模糊，如图6-141所示。

08 选中"模糊度"关键帧，将其转换为"缓入"和"缓出"效果，如图6-142所示。

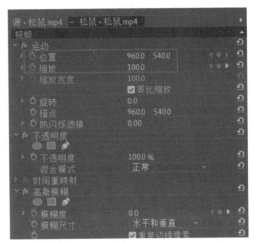

图6-143

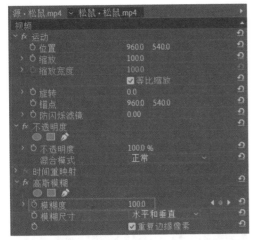

图6-140

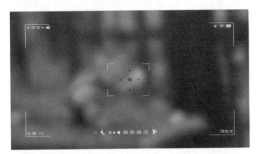

图6-141

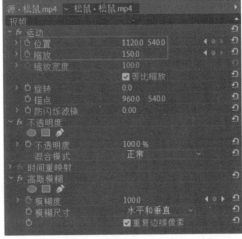

图6-144

图6-142

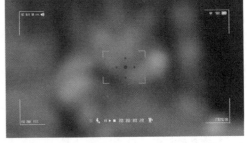

图6-145

09 在00:00:00:10的位置添加"缩放"和"位置"关键帧，如图6-143所示，此时画面大小保持不变。

10 在00:00:00:20的位置设置"缩放"为150，"位置"为（1120,540），如图6-144所示。效果如图6-145所示。

11 将"位置"和"缩放"关键帧都转换为"缓入"和"缓出"效果，如图6-146所示。

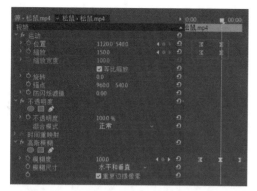

图6-146

⑫ 按Space键预览动画，案例最终效果如图6-147所示。

图6-147

6.4.2 Camera Blur

Camera Blur（摄像机模糊）效果可以实现拍摄过程中的虚焦效果。在"效果控件"面板中设置Percent Blur（百分比模糊）可以控制画面的模糊程度，如图6-148和图6-149所示。

图6-148   图6-149

参数详解

• **Percent Blur（百分比模糊）：** 控制画面的模糊程度，数值越大，画面越模糊。

6.4.3 方向模糊

"方向模糊"效果可以根据指定的角度和长

度对画面进行模糊处理，如图6-150所示。在"效果控件"面板中可以设置模糊的方向和长度，如图6-151所示。

图6-150   图6-151

参数详解

• **方向：** 设置画面的模糊方向，如图6-152所示。

图6-152

• **模糊长度：** 设置模糊的像素距离，数值越大，模糊越明显。

6.4.4 钝化蒙版

"钝化蒙版"效果可以同时调整画面的锐化程度和对比度，如图6-153所示。在"效果控件"面板中可以设置该效果的相关参数，如图6-154所示。

图6-153   图6-154

参数详解

• **数量：** 设置画面的锐化程度，数值越大，锐化效果越明显。

• **半径：** 设置画面的锐化半径，如图6-155所示。

图6-155

• **阈值：** 设置模糊的容差值，如图6-156所示。

图6-156

6.4.5 锐化

"锐化"效果可以快速让模糊的画面变得清晰，如图6-157所示。在"效果控件"面板中设置"锐化量"数值就可以控制画面锐化的程度，如图6-158所示。

图6-157　　　　　　图6-158

6.4.6 高斯模糊

"高斯模糊"效果可以让画面既模糊又平滑，如图6-159所示。在"效果控件"面板中可以设置该效果的相关参数，如图6-160所示。

图6-159　　　　　　图6-160

参数详解

• **模糊度：** 控制画面中高斯模糊的强度，如图6-161所示。

图6-161

• **模糊尺寸：** 包含"水平""垂直""水平和垂直"3种模糊方式，如图6-162所示。

• **重复边缘像素：** 勾选该选项后，可以对画面

边缘进行模糊处理，如图6-163所示。

图6-162

图6-163

6.5　生成

"生成"类视频效果可以使素材具有不同类型的变化效果，如图6-164所示。

图6-164

本节知识点

名称	学习目标	重要程度
四色渐变	掌握"四色渐变"效果的使用方法	高
渐变	熟悉"渐变"效果的使用方法	中
镜头光晕	掌握"镜头光晕"效果的使用方法	高
闪电	熟悉"闪电"效果的使用方法	中

6.5.1 课堂案例：唯美色调视频

案例文件	案例文件 >CH06> 课堂案例：唯美色调视频
难易指数	★★★☆☆
学习目标	掌握"四色渐变"效果和"镜头光晕"效果的使用方法

本案例需要为素材添加"四色渐变"效果和"镜头光晕"效果，改变画面的氛围，生成唯美色调的风景视频，效果如图6-165所示。

图6-165

01 双击"项目"面板空白区域，在弹出的"导入"对话框中选择本书学习资源"案例文件>CH06>课堂案例：唯美色调视频"文件夹中的所有素材，导入后如图6-166所示。

图6-166

02 新建一个应用了AVCHD 1080p25预设的序列，然后将素材拖曳到V1轨道上，如图6-167所示。

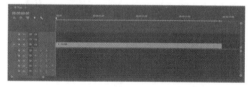

图6-167

03 在"效果"面板中选择"四色渐变"效果，然后将其拖曳到剪辑上，效果如图6-168所示。

图6-168

04 在"效果控件"面板中设置"颜色1"为青色、"颜色2"为黄色、"颜色3"为蓝色、"颜色4"为橙色，如图6-169所示。效果如图6-170所示。

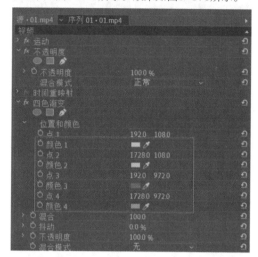

图6-169

图6-170

> ⓘ 技巧与提示
>
> 渐变的颜色仅为参考，读者可自行设置。

05 在"效果控件"面板中设置"不透明度"为60%、"混合模式"为"叠加"，如图6-171所示。效果如图6-172所示。

06 在"效果"面板中选择"镜头光晕"效果，将其拖曳到剪辑上，在"效果控件"面板中设置"光晕中心"为（24.0，-93.0）、"光晕亮度"为150%，如图6-173所示。效果如图6-174所示。

07 按Space键预览动画，案例最终效果如图6-175所示。

图6-175

图6-171

图6-172

6.5.2 四色渐变

"四色渐变"效果会在原有画面的基础上添加4种颜色的渐变效果，如图6-176所示。在"效果控件"面板中可以设置四色渐变的相关参数，如图6-177所示。

图6-176

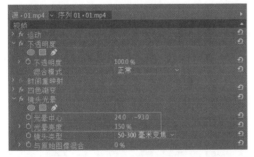

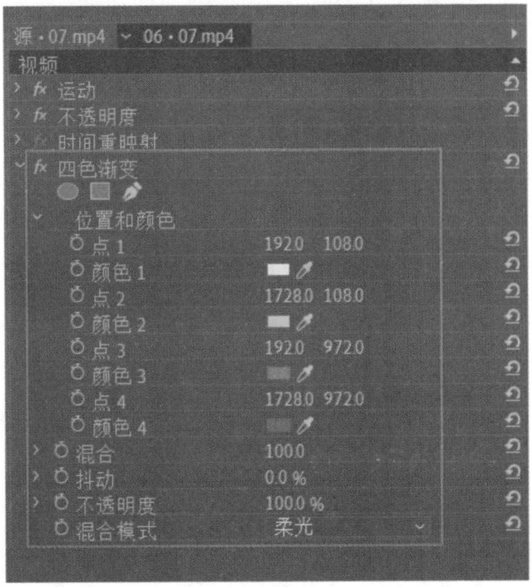

图6-173

图6-174

图6-177

115

参数详解

- **点1/点2/点3/点4：**设置渐变颜色的坐标。
- **颜色1/颜色2/颜色3/颜色4：**设置4种渐变颜色。
- **混合：**设置渐变颜色在画面中的明度，如图6-178所示。

图6-178

- **抖动：**设置颜色变化的流量。
- **不透明度：**设置渐变色的不透明度。
- **混合模式：**在下拉菜单中可以选择不同的混合模式，如图6-179所示。

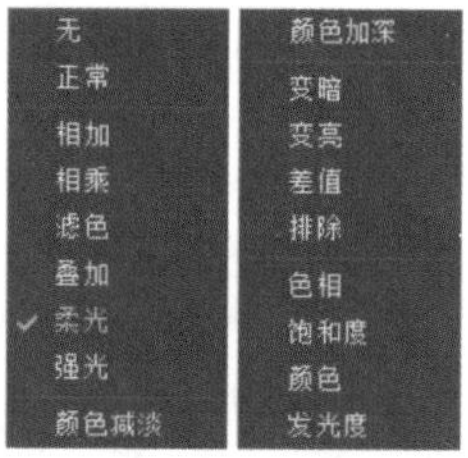

图6-179

6.5.3 渐变

"渐变"效果会在剪辑画面上叠加线性渐变或径向渐变，如图6-180所示。在"效果控件"面板中可以设置渐变的相关参数，如图6-181所示。

图6-180　　　　图6-181

参数详解

- **渐变起点/渐变终点：**设置渐变的起始和结束位置。
- **起始颜色/结束颜色：**设置渐变的起始和结束颜色。
- **渐变形状：**可以选择"线性渐变"和"径向渐变"两种渐变方式，如图6-182所示。

线性渐变　　　　径向渐变

图6-182

- **渐变扩散：**设置画面中渐变的扩散程度。
- **与原始图像混合：**设置渐变层与原始图层的混合程度，如图6-183所示。

图6-183

6.5.4 镜头光晕

"镜头光晕"效果会在剪辑画面上模拟拍摄时遇到的强光所产生的光晕效果，如图6-184所示。在"效果控件"面板中可以设置镜头光晕的相关参数，如图6-185所示。

图6-184　　　　图6-185

参数详解

- **光晕中心：**设置光晕中心所在的位置。
- **光晕亮度：**设置镜头光晕的范围及亮度，如图6-186所示。

图6-186

- **镜头类型：**在下拉菜单中可以选择不同的镜头类型，以形成不同的光晕效果，如图6-187所示。

图6-187

- **与原始图像混合：** 设置光晕与剪辑画面的混合程度。

> **⚠ 技巧与提示**
>
> "镜头光晕"效果与Photoshop中的"镜头光晕"滤镜原理一致。

6.5.5 闪电

"闪电"效果常用来模拟天空中的闪电，如图6-188所示。在"效果控件"面板中可以设置闪电的相关参数，如图6-189所示。

图6-188

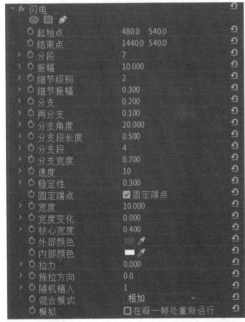

图6-189

参数详解

- **起始点/结束点：** 设置闪电的起始位置和结束位置。
- **分段：** 设置闪电主干上的分支段数，如图6-190所示。

图6-190

- **振幅：** 设置闪电的扩张范围。
- **细节级别：** 设置闪电的粗细和曝光度。
- **细节振幅：** 设置闪电在分支上的弯曲程度。
- **分支：** 设置主干上的分支数，如图6-191所示。

图6-191

- **再分支：** 相对于"分支"更加精细，用于继续设置分支数量。
- **固定端点：** 勾选此选项后，闪电的起始和结束位置会固定在画面的某个位置上；如果不勾选，则闪电会在画面中呈现摇摆不定的效果。
- **宽度：** 设置闪电的整体宽度，如图6-192所示。

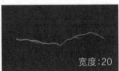

图6-192

- **外部颜色/内部颜色：** 设置闪电边缘和内部填充的颜色。
- **拉力：** 设置闪电分支的延展程度。
- **模拟：** 勾选"在每一帧处重新运行"选项后，可以改变闪电的变换形态。

6.6 过渡

"过渡"类视频效果中包含"块溶解""渐变擦除""线性擦除"3种效果，如图6-193所示。这类效果在实际制作中运用得较多，需要重点掌握。

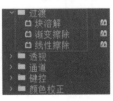

图6-193

本节知识点

名称	学习目标	重要程度
块溶解	掌握"块溶解"效果的使用方法	高
渐变擦除	熟悉"渐变擦除"效果的使用方法	中
线性擦除	掌握"线性擦除"效果的使用方法	高

6.6.1 课堂案例：朦胧画面视频

案例文件	案例文件 >CH06> 课堂案例：朦胧画面视频
难易指数	★★★☆☆
学习目标	掌握"线性擦除"效果的使用方法

本案例使用"线性擦除"效果和"高斯模糊"效果制作一个画面朦胧的视频，效果如图6-194所示。

图6-194

01 双击"项目"面板空白区域，在弹出的"导入"对话框中选择本书学习资源"案例文件>CH06>课堂案例：朦胧画面视频"文件夹中的素材文件，导入后如图6-195所示。

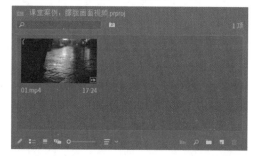

图6-195

02 新建一个应用了AVCHD 1080p25预设的序列，然后将素材拖曳到轨道上，如图6-196所示。效果如图6-197所示。

03 移动播放指示器到00:00:05:00的位置，使用"剃刀工具" ◤裁剪剪辑，并删掉后半部分，如图6-198所示。

图6-196

图6-197

图6-198

04 在"效果"面板中搜索"高斯模糊"效果，将其添加到剪辑上，然后设置"模糊度"为100，如图6-199和图6-200所示。

图6-199

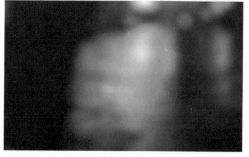

图6-200

05 按住Alt键将剪辑向上拖曳复制到V2轨道上，如图6-201所示，然后删除"效果控件"面板中的"高斯模糊"效果。

图6-201

06 在"效果"面板中搜索"线性擦除"效果，如图6-202所示，将其添加到V2轨道的剪辑上。

图6-202

07 移动播放指示器到00:00:00:15的位置，设置"过渡完成"为100%并添加关键帧，设置"擦除角度"为-90°，如图6-203所示。

图6-203

08 移动播放指示器到00:00:04:15的位置，设置"过渡完成"为0%，如图6-204所示。此时画面恢复至清晰状态，如图6-205所示。

09 按Space键预览动画，案例最终效果如图6-206所示。

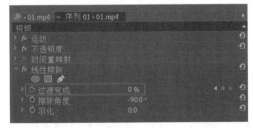

图6-204

图6-205

图6-206

6.6.2 块溶解

"块溶解"效果可以让画面逐渐显现或逐渐消失，如图6-207所示。在"效果控件"面板中可以通过相关参数控制溶解的效果，如图6-208所示。

图6-207

图6-208

参数详解

● **过渡完成：**设置素材的溶解度，如图6-209所示。

图6-209

● **块宽度/块高度：**设置溶解块的宽度和高度，如图6-210所示。

图6-210

- **羽化：**设置块像素的边缘羽化效果。

6.6.3 渐变擦除

"渐变擦除"效果可以制作出类似色阶梯度渐变的感觉，如图6-211所示。在"效果控件"面板中可以设置渐变擦除的相关参数，如图6-212所示。

图6-211   图6-212

参数详解

- **过渡完成：**设置画面中梯度渐变的数量，如图6-213所示。

图6-213

- **过渡柔和度：**调整渐变边缘的柔和度，如图6-214所示。

图6-214

- **渐变图层：**设置渐变擦除的轨道。
- **渐变放置：**设置渐变的平铺方式，包含"平铺渐变""中心渐变""伸缩渐变以适合"3种方式。
- **反转渐变：**勾选该选项后，渐变效果会反向。

6.6.4 线性擦除

"线性擦除"效果是以线性的方式擦除画面，如图6-215所示。在"效果控件"面板中可以设置线性擦除的相关参数，如图6-216所示。

图6-215   图6-216

参数详解

- **过渡完成：**设置画面擦除的大小，如图6-217所示。

图6-217

- **擦除角度：**设置线性擦除的角度，如图6-218所示。

图6-218

- **羽化：**设置擦除边缘的模糊效果。

6.7 透视、通道和风格化

"透视"类视频效果可以让剪辑画面产生不同的立体效果；"通道"类视频效果中只包含"反转"效果；"风格化"类视频效果类似于Photoshop中的"风格化"滤镜，可以生成不同的画面效果，如图6-219所示。

图6-219

图6-219（续）

本节知识点

名称	学习目标	重要程度
基本3D	熟悉"基本3D"效果的使用方法	中
投影	熟悉"投影"效果的使用方法	中
Alpha 发光	掌握"Alpha 发光"效果的使用方法	高
复制	掌握"复制"效果的使用方法	高
彩色浮雕	熟悉"彩色浮雕"效果的用法	中
查找边缘	熟悉"查找边缘"效果的用法	中
画笔描边	熟悉"画笔描边"效果的用法	中
粗糙边缘	熟悉"粗糙边缘"效果的用法	中
色调分离	熟悉"色调分离"效果的用法	中
闪光灯	掌握"闪光灯"效果的用法	高
马赛克	掌握"马赛克"效果的用法	高

6.7.1 课堂案例：发光文字

案例文件	案例文件 >CH06> 课堂案例：发光文字
难易指数	★★★☆☆
学习目标	掌握"Alpha 发光"效果，熟悉"基本 3D"效果的使用方法

本案例需要使用"Alpha发光"效果制作视频文字的发光效果，如图6-220所示。

图6-220

01 双击"项目"面板空白区域，在弹出的"导入"对话框中选择本书学习资源"案例文件>CH06>课堂案例：发光文字"文件夹中的所有素材，导入后如图6-221所示。

02 将"背景.mp4"素材拖曳到"时间轴"面板中，生成一个序列，然后将"文字.png"素材添加到V2轨道上，如图6-222所示。

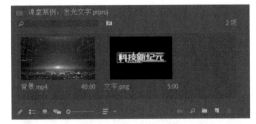

图6-221

图6-222

03 将"背景.mp4"剪辑缩短到和"文字.png"剪辑相同的长度，如图6-223所示。

图6-223

04 在"效果"面板中搜索"基本3D"效果，如图6-224所示，将其添加到"文字.png"剪辑上。在剪辑起始位置设置"不透明度"为0%并添加关键帧，然后设置"与图像的距离"为300并添加关键帧，如图6-225所示。

图6-224

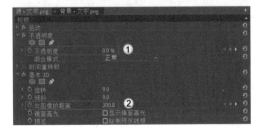

图6-225

05 移动播放指示器到00:00:01:00位置，然后设置"不透明度"为100%、"与图像的距离"为55，如图6-226所示。效果如图6-227所示。

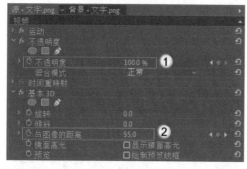

图6-226

图6-229

图6-227

06 移动播放指示器到00:00:02:00的位置，设置"与图像的距离"为100，如图6-228所示。效果如图6-229所示。

07 在"效果"面板中搜索"Alpha发光"效果，将其添加到"文字.png"剪辑上，设置"发光"为15、"起始颜色"为浅蓝色，如图6-230所示。效果如图6-231所示。

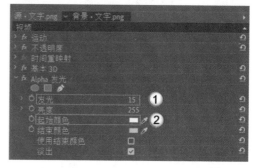

图6-230

图6-231

08 按Space键预览画面，案例最终效果如图6-232所示。

图6-228

图6-232

6.7.2 基本3D

"基本3D"效果可以让剪辑画面产生立体翻转等效果，如图6-233所示。在"效果控件"面板中还可以设置其他的翻转效果，如图6-234所示。

图6-233　　　　　　　图6-234

参数详解
- **旋转：**设置剪辑画面的水平旋转角度，如图6-235所示。

图6-235

- **倾斜：**设置剪辑画面的垂直翻转角度，如图6-236所示。

图6-236

- **与图像的距离：**设置剪辑画面在"节目"监视器中拉近或推远的状态，如图6-237所示。

图6-237

6.7.3 投影

"投影"效果可以使剪辑画面的下方呈现阴影效果，如图6-238所示。在"效果控件"面板中可以设置投影的参数，如图6-239所示。

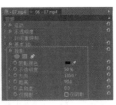

图6-238　　　　　　　图6-239

参数详解
- **阴影颜色：**设置阴影的颜色。
- **不透明度：**设置阴影的不透明度。
- **方向：**设置阴影的方向，如图6-240所示。

图6-240

- **距离：**设置阴影与剪辑画面之间的距离。
- **柔和度：**设置阴影边缘的柔和程度。

6.7.4 Alpha发光

"Alpha发光"效果是在剪辑画面上生成发光效果，如图6-241所示。在"效果控件"面板中可以设置Alpha发光的相关参数，如图6-242所示。

图6-241

图6-242

参数详解

- **发光：** 设置发光区域的大小，如图6-243所示。

图6-243

- **亮度：** 设置光的亮度。
- **起始颜色/结束颜色：** 设置发光的起始或结束颜色。
- **淡出：** 勾选该选项后，会产生平滑的过渡效果。

6.7.5 复制

"复制"效果可以将剪辑画面进行大量复制，如图6-244所示。在"效果控件"面板中设置"计数"的数值就可以设置复制的数量，如图6-245所示。

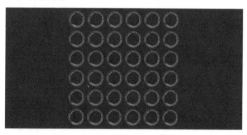

图6-244

图6-245

6.7.6 彩色浮雕

"彩色浮雕"效果可以在剪辑画面上形成彩色的凹凸感，如图6-246所示。在"效果控件"面板中可以设置彩色浮雕的相关参数，如图6-247所示。

图6-246 　　　　　　　　图6-247

参数详解

- **方向：** 设置浮雕的方向。
- **起伏：** 设置浮雕的距离和大小，如图6-248所示。

图6-248

- **对比度：** 设置浮雕的对比度。
- **与原始图像混合：** 设置"浮雕"效果与原有效果的混合程度。

6.7.7 查找边缘

"查找边缘"效果可以生成类似彩铅绘制的线条感效果，如图6-249所示。在"效果控件"面板中可以调整查找边缘的相关参数，如图6-250所示。

图6-249 　　　　　　　　图6-250

参数详解

- **反转：** 勾选该选项后，会将生成的像素反向，如图6-251所示。

图6-251

- **与原始图像混合：** 设置"查找边缘"效果与原有效果的混合程度。

6.7.8 画笔描边

"画笔描边"效果会让剪辑画面产生类似

水彩画的效果，如图6-252所示。在"效果控件"面板中可以设置画笔描边的相关参数，如图6-253所示。

图6-252　　　　　　　　图6-253

参数详解

- **描边角度：**设置画笔描边的方向。
- **画笔大小：**设置画笔的直径，如图6-254所示。

图6-254

- **描边长度：**设置画笔笔触的长短，如图6-255所示。

图6-255

- **描边浓度：**使像素进行叠加，从而改变图片的形状。
- **绘画表面：**在下拉菜单中可以选择绘画方式，如图6-256所示。

图6-256

6.7.9　粗糙边缘

"粗糙边缘"效果可以在剪辑画面的边缘制作出腐蚀的效果，如图6-257所示。在"效果控件"面板中可以调整粗糙边缘的各种参数，如图6-258所示。

图6-257　　　　　　　　图6-258

参数详解

- **边缘类型：**在下拉菜单中可以选择8种类型的边缘效果，如图6-259所示。
- **边缘颜色：**为特定的边缘类型设置颜色。

图6-259

- **边框：**设置腐蚀形状的大小。
- **边缘锐度：**调整画面边缘的清晰度。
- **比例：**设置剪辑画面所占的比例。
- **伸缩宽度或高度：**设置腐蚀边缘的宽度或高度。
- **偏移（湍流）：**设置腐蚀效果的偏移程度。
- **演化：**控制边缘的粗糙度。

6.7.10　色调分离

"色调分离"效果用于将剪辑的画面转换为色块效果，如图6-260所示。在"效果控件"面板中设置"级别"参数，可以控制色块的大小，如图6-261所示。

图6-260　　　　　　　　图6-261

6.7.11　闪光灯

"闪光灯"效果用于模拟真实的闪光灯闪烁，如图6-262所示。在"效果控件"面板中可以设置闪光灯的颜色和频率，如图6-263所示。

图6-262　　　　　　　　图6-263

参数详解

- **闪光色：**设置闪光灯的颜色。
- **与原始图像混合：**调整闪光灯颜色与剪辑画面的混合程度。
- **闪光持续时间（秒）：**以秒为单位，设置闪光灯的闪烁时长。
- **闪光周期（秒）：**以秒为单位，设置闪光灯的闪烁周期。

- **随机闪光机率：** 设置随机闪烁的频率。
- **闪光：** 包含"仅对颜色操作"和"使图层透明"两种闪光方式。
- **闪光运算符：** 设置闪光灯颜色与剪辑画面的混合模式。
- **随机植入：** 设置闪光的随机植入效果，数值越大，画面透明度越高。

6.7.12 马赛克

"马赛克"效果可以将画面转换为由像素块拼凑的效果，如图6-264所示。在"效果控件"面板中可以设置马赛克的大小和区域，如图6-265所示。

图6-264 　　　　　　　图6-265

参数详解

- **水平块/垂直块：** 设置马赛克的水平和垂直数量。
- **锐化颜色：** 勾选此选项后，可以强化像素块的颜色阈值。

> ⓘ **技巧与提示**
>
> Premiere Pro 2023将一些旧版本中的效果归类到"过时"卷展栏中，精简了原来的效果种类。当读者打开旧版本的项目文件时，仍然可以使用这些效果。

6.8 课后习题

本章讲解了Premiere Pro中常用的一些视频效果，下面通过两个课后习题巩固本章所学的内容。

6.8.1 课后习题：素描渐变视频

案例文件	案例文件 >CH06> 课后习题：素描渐变视频
难易指数	★★★☆☆
学习目标	掌握"查找边缘"效果和"线性擦除"效果的使用方法

运用"查找边缘"效果和"线性擦除"效果制作具有素描质感的视频画面，如图6-266所示。

图6-266

01 新建项目，导入"案例文件>CH06>课后习题：素描渐变视频"文件夹中的素材文件。

02 新建序列并添加素材文件。

03 在剪辑上添加"查找边缘"效果，生成素描质感。

04 在剪辑上添加"线性擦除"效果，并添加"过渡完成"和"擦除角度"关键帧，生成动画效果。

6.8.2 课后习题：趣味大头效果

案例文件	案例文件 >CH06> 课后习题：趣味大头效果
难易指数	★★★☆☆
学习目标	掌握"放大"效果的使用方法

短视频中常见的大头特效运用"放大"效果就能制作出来，如图6-267所示。

图6-267

01 新建项目，导入"案例文件>CH06>课后习题：趣味大头效果"文件夹中的素材文件。

02 新建序列并添加素材文件。

03 在剪辑上添加"放大"效果，并添加关键帧，生成动画效果。

第 7 章

字幕

本章导读

　　本章主要讲解 Premiere Pro 中文字的制作方法。Premiere Pro 2023 在字幕方面进行了更新，与旧版本有较大的区别，本章将进行讲解。

学习目标

◆　掌握文字工具的使用方法。

◆　熟悉"文本"面板。

7.1 文字工具

从Premiere Pro 2023起,"旧版标题"功能彻底停用,只能通过"文字工具"🅣或"垂直文字工具"🅣在画面中输入文字内容。

本节知识点

工具名称	学习目标	重要程度
文字工具	掌握"文字工具"的使用方法	高
垂直文字工具	掌握"垂直文字工具"的使用方法	高

7.1.1 课堂案例:科技感文字片头

案例文件	案例文件 >CH07> 课堂案例:科技感文字片头
难易指数	★★★★☆
学习目标	掌握"文字工具"的使用方法

本案例将制作具有科技感的文字片头,效果如图7-1所示。

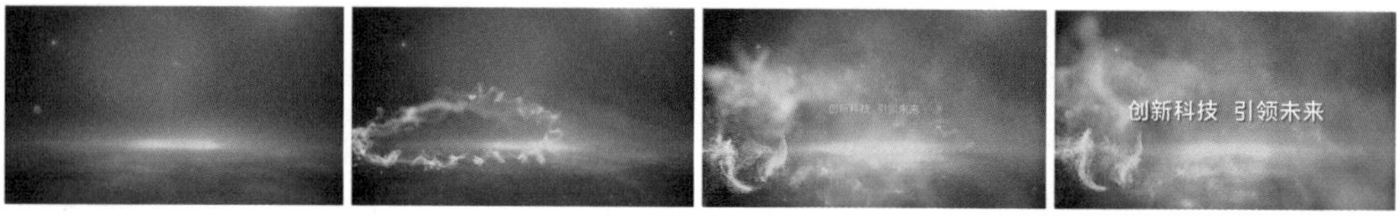

图7-1

01 新建一个项目,然后将本书学习资源"案例文件>CH07>课堂案例:科技感文字片头"文件夹中的素材文件全部导入"项目"面板中,如图7-2所示。

图7-2

02 新建一个应用了AVCHD 1080p25预设的序列,然后将"背景.mov"素材文件添加到序列的V1轨道上,如图7-3所示。效果如图7-4所示。

图7-3

图7-4

03 将"粒子.mp4"素材文件添加到序列的V2轨道上,如图7-5所示。效果如图7-6所示。

04 选中"粒子.mp4"剪辑,在"效果控件"面板中设置"混合模式"为"滤色",效果如图7-7所示。

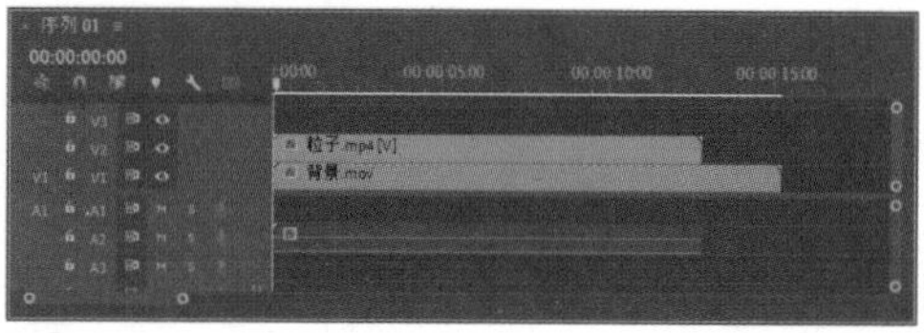

图7-5

图7-6

图7-7

05 移动播放指示器到00:00:01:20的位置,此时画面中的粒子基本全部出现。使用"文字工具" **T** 在画面中输入"创新科技 引领未来",如图7-8所示。

06 在"效果控件"面板或"基本图形"面板中设置"字体"为"字魂105号-简雅黑"、"字体大小"为130、"填充"为白色,然后勾选"阴影"选项,设置"不透明度"为100%、"距离"为13,如图7-9所示。效果如图7-10所示。

图7-9

图7-8

图7-10

！技巧与提示

如果读者在制作时发现本机中没有"字魂105号-简雅黑"字体,除了用其他字体代替外,还可以在网络上下载该字体后加载到本机上。

以Windows 10系统为例。打开计算机中的"控制面板"窗口,并双击"字体"文件夹,如图7-11所示。

将下载的字体文件复制粘贴到"字体"文件夹中,就可以对字体进行安装。安装完成后,重新启动Premiere Pro就可以加载该字体。

图7-11

07 在文字剪辑的起始位置设置"缩放"为0、"不透明度"为0%，并为它们添加关键帧，如图7-12所示。

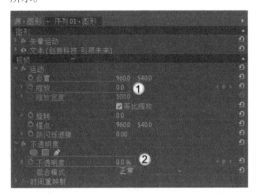

图7-12

08 移动播放指示器到00:00:03:20的位置，设置"缩放"为100、"不透明度"为100%，如图7-13所示。效果如图7-14所示。

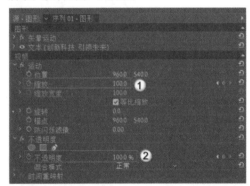

图7-13

图7-14

09 移动播放指示器到00:00:05:00的位置，然后按O键设置出点，如图7-15所示。

图7-15

10 按Space键播放动画，案例最终效果如图7-16所示。

图7-16

7.1.2 文字工具

使用"文字工具" T 可以在"节目"监视器中输入文字内容。单击"文字工具"按钮 T 后，在"节目"监视器中单击就会生成用于输入文字的红框，如图7-17所示。在红框内输入需要的文字内容即可，如图7-18所示。

图7-17

图7-18

此时，"时间轴"面板中会显示一个新的文字剪辑，如图7-19所示。

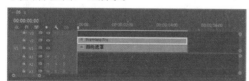

图7-19

默认情况下文字的颜色是白色，若要更改文字的相关属性，在"效果控件"面板中展开"文本"卷展栏就可以更改文字的字体、大小和颜色等，如图7-20所示。

参数详解

• **源文本：**在该参数上添加关键帧后，更改只要修改画面中的文字内容就会生成新的关键帧，从而实现动画效果。

• **字体：**在下拉菜单中可以选择输入文字的字体。需要注意的是，下拉菜单中的字体为计算机中已经安装的字体，未安装的字体不会出现在该下拉菜单中。

• **字体样式：**选择字体样式。

• **字体大小：**设置输入文字的大小。

• **填充：**设置文字的颜色，默认为白色。

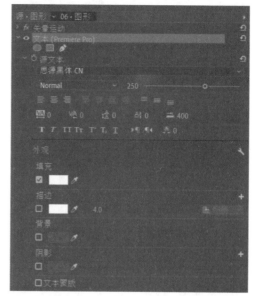

图7-20

• **描边：**勾选该选项后，可以设置文字描边的颜色，如图7-21所示。

图7-21

• **背景：**勾选该选项后，可以在文字的后方显示一个色块，如图7-22所示。

• **阴影：**勾选该选项后，可以生成文字的投影效果，如图7-23所示。

图7-22

图7-23

　　除了可以在"效果控件"面板中调整文字的属性，也可以执行"窗口>基本图形"菜单命令，在"基本图形"面板中进行调整，如图7-24所示。读者按照自己的习惯使用即可。

图7-24

7.1.3 垂直文字工具

　　长按"文字工具"的按钮 T，在弹出的下拉菜单中点击就可以切换到"垂直文字工具" T，如图7-25所示。使用"垂直文字工具" T 能在画面中输入纵向排列的文字内容，如图7-26所示。

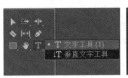

图7-25

图7-26

7.2　"文本"面板

　　"文本"面板是Premiere Pro 2023的新功能。该面板中包含"转录文本""字幕""图形"3个选项卡，如图7-27所示。

图7-27

本节知识点

工具名称	学习目标	重要程度
转录文本	掌握"转录文本"选项卡的使用方法	高
字幕	掌握"字幕"选项卡的使用方法	高
图形	熟悉"图形"选项卡的使用方法	中

7.2.1 课堂案例：片尾滚动字幕

案例文件	案例文件 >CH07> 课堂案例：片尾滚动字幕
难易指数	★★★★☆
学习目标	掌握"文本"面板的使用方法

本案例需要制作一个片尾的滚动字幕，效果如图7-28所示。

图7-28

01 新建一个项目，然后将本书学习资源"案例文件>CH07>课堂案例：片尾滚动字幕"文件夹中的素材文件导入"项目"面板中，如图7-29所示。

图7-29

02 新建一个应用了AVCHD 1080p25预设的序列，然后将"素材.MP4"素材文件添加到序列的V1轨道上，如图7-30所示。效果如图7-31所示。

03 使用"文字工具" ![T] 在右侧画面中输入片尾的职员表等文字内容，如图7-32所示。

图7-30

图7-31

图7-32

> **(!) 技巧与提示**
>
> 如果读者觉得输入文字较为麻烦，可以打开案例文件夹中的"文字.txt"文件，复制里面的文字内容后粘贴到Premiere Pro中。

04 在"基本图形"面板中修改文字的基本属性，如图7-33所示。效果如图7-34所示。

图7-33

图7-34

05 选中文字剪辑，然后在"基本图形"面板中勾选"滚动"选项，如图7-35所示。此时移动播放指示器，就能观察到文字呈现由下往上滚动的效果，如图7-36所示。

图7-35

图7-36

06 将文字剪辑的末尾移动到00:00:05:00的位置，然后按O键标记出点，如图7-37所示。

图7-37

07 按Space键播放动画，案例最终效果如图7-38所示。

图7-38

7.2.2 转录文本

在"转录文本"选项卡中可以将一段语音音频自动转换为对应的文字内容，并添加到画面中。这个功能是Premiere Pro 2022中新增加的，可以省去原来的先将语音音频导入外部软件制作字幕再导回Premiere Pro的麻烦操作，极大地提升了用户的操作体验。

下面简单讲解该功能的使用方法。

第1步： 创建一个序列，导入带有语音音频的素材文件并放置于轨道上，如图7-39所示。

图7-39

第2步： 执行"窗口>文本"菜单命令打开"文本"面板，如图7-40所示。

图7-40

第3步： 单击"转录序列"按钮（ 转录序列 ），在弹出的对话框中设置"语言"为"简体中文"、"音轨正常"为"音频1"，如图7-41所示。

图7-41

图7-42

第4步： 设置完成后单击"转录"按钮 转录 ，等待软件自动识别语音并转换为文字，如图7-43所示。转录完成后如果读者发现文字有差错也不用担心，在后续编辑过程中可以进行修改。"文本"面板中默认的字体会将某些文字的字形显示为错误的效果，但在实际画面中是正确的，请读者以实际画面中的文字样式为准。

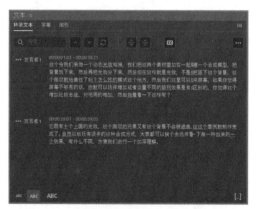

图7-43

第5步： 单击面板上方的"创建说明性字幕"按钮 CC ，在弹出的对话框中设置字幕的显示方式，如图7-44所示。这一步的设置较为灵活，读者请根据实际情况设置。

第6步： 单击"创建"按钮 创建 ，就能在"字幕"选项卡中显示每一段语音转录的文字，如图7-45所示。在序列中也能看到对应的文字剪辑，如图7-46所示。

转录完成后，就可以在"字幕"选项卡中更加精确地调整转录的文字内容。

图7-44

图7-45

图7-46

7.2.3 字幕

转录完成的文字内容会显示在"字幕"选项卡中，我们可以边听语音边校正错别字和错误的节奏点，如图7-47所示。

图7-47

按钮详解

• **拆分字幕**：如果需要将一段字幕按照语气或断句位置拆分为两段，可以选中需要拆分的字幕并单击此按钮，就能将这一段字幕分成两段完全一致的字幕，如图7-48所示。再分别修改每一段，保留需要的部分即可，如图7-49所示。

• **合并字幕**：如果要合并两段语音为一段，就选中需要合并的语音并单击该按钮。

在"节目"监视器中能观察到添加的字幕信息，如果要修改文字的字体、大小和颜色等，可以选中"字幕"选项卡中的所有文字，然后在"基本图形"面板中修改，如图7-50和图7-51所示。

图7-48

图7-49

图7-50

图7-51

7.2.4 图形

"图形"选项卡中会显示使用"文字工具" 或"垂直文字工具" 在画面中输入的文字内容及相关信息，如图7-52所示。

筛选轨道　　设置

图7-52

按钮详解

• **筛选轨道：** 单击该按钮，在弹出的下拉菜单中可以选择不同轨道中的文字剪辑，如图7-53所示。

• **设置：** 单击该按钮，可以导入或导出文本文件，以及进行拼写检查等，如图7-54所示。

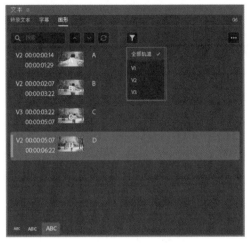

图7-53

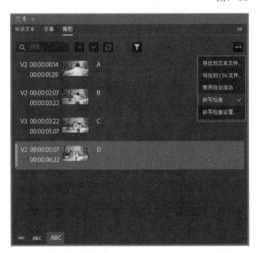

图7-54

7.3 课后习题

下面通过两个课后习题巩固本章所学的字幕的相关内容。

7.3.1 课后习题：动态招聘海报

案例文件	案例文件 >CH07> 课后习题：动态招聘海报
难易指数	★★★☆☆
学习目标	掌握"块溶解"和"线性擦除"效果的制作方法

运用"块溶解"和"线性擦除"效果，就可以制作一个简单的动态文字招聘海报，效果如图7-55所示。

图7-55

01 在"项目"面板中导入素材图片。

02 将背景图片拖曳到"时间轴"面板中生成序列，并将素材图片添加到轨道中，拼合出完整的海报效果。

03 为素材图片添加"块溶解"效果和"线性擦除"效果，生成动画。

7.3.2 课后习题：动态清新文字海报

案例文件	案例文件 >CH07> 课后习题：动态清新文字海报
难易指数	★★★☆☆
学习目标	掌握"垂直文字工具"的使用方法

本习题需要为图片添加"不透明度"关键帧，并使用"垂直文字工具" ⅠT 输入文字和符号等来装饰画面，效果如图7-56所示。

图7-56

① 在"项目"面板中导入素材图片。

② 将背景图片拖曳到"时间轴"面板中生成序列，并将素材图片添加到轨道中，拼合出完整的海报效果。

③ 为素材图片添加"不透明度"关键帧，以制作动画效果。

④ 使用"垂直文字工具" ⅠT 输入两侧的文字和符号，并为文字剪辑添加"线性擦除"效果，生成动画。

第 8 章

调色

本章导读

本章主要讲解 Premiere Pro 中调色的方法，包括常用调色效果的使用方法和一些与调色相关的理论知识。

学习目标

◆ 熟悉调色的相关知识。

◆ 掌握常用的调色效果。

8.1 调色的相关知识

调色是视频剪辑中非常重要的一个环节，一幅作品的颜色很大程度上影响着其表现效果。下面介绍调色的相关知识。

本节知识点

工具名称	学习目标	重要程度
调色的相关术语	掌握常用的调色术语	高
调色的要素	熟悉调色的要素	中

8.1.1 调色的相关术语

色相是调色中常用的术语，表示画面的整体颜色倾向，也叫作色调，图8-1所示为不同色调的图像。

图8-1

饱和度指画面颜色的鲜艳程度，也叫作纯度。饱和度越高，整个画面的颜色越鲜艳，图8-2所示为不同饱和度的图像。

图8-2

明度指色彩的明亮程度。色彩的明度变化不仅指同种颜色的明度变化，也指不同颜色的明度变化，图8-3和图8-4所示为两种类型的明度变化效果。

曝光度指图像在拍摄时呈现的亮度。曝光过度会让图像发白，曝光不足会让图像发黑，如图8-5所示。

图8-3

图8-4

图8-5

8.1.2 调色的要素

调整图像的颜色可以从图像的明度、对比度、曝光度、饱和度和色调等方面入手，但对于初学者来说，调色比较难。下面从4个方面为读者简单讲解调色的要素。

1.整体调整

在调整图像时，通常是从整体观察图像的亮度、对比度、色调和饱和度等。若有问题，就需要先进行处理，让图像的整体颜色变为正确的效果，如图8-6所示。

图8-6

2.细节处理

整体调整后的图像看起来已经较为合适，但

有些细节部分可能仍然不尽如人意。例如，某些部分的亮度不合适，或是要调整局部的颜色，如图8-7和图8-8所示。

图8-7

图8-8

3.融合各种元素

在制作一些视频的时候，往往需要在里面添加一些其他元素。当添加新的元素后，可能会造成整体画面不协调。这种不协调可能是大小比例、透视角度和虚实程度等问题，也可能是元素与主体的色调不统一。图8-9所示的蓝色纸飞机与绿色的背景不合适，需要调整背景为浅棕色。

图8-9

4.营造氛围

通过上面3个步骤，画面的整体和细节都得到了很好的调整，算得上是合格的图像。如果只是合格还不够，要想图像脱颖而出吸引用户，就需要为其营造氛围。例如，让图像的颜色与主题契合，或添加一些特殊效果起到画龙点睛的作用，如图8-10所示。

图8-10

8.2 图像控制

"图像控制"类视频效果可以实现去色、黑白等效果，如图8-11所示。

图8-11

本节知识点

名称	学习目标	重要程度
Color Pass	熟悉 Color Pass 效果	中
Color Replace	熟悉 Color Replace 效果	中
Gamma Correction	熟悉 Gamma Correction 效果	中
黑白	熟悉"黑白"效果	中

8.2.1 课堂案例：古风视频

案例文件	案例文件 >CH08> 课堂案例：古风视频
难易指数	★★★★☆
学习目标	熟悉 Color Pass 效果的使用方法

视频画面中只保留一种颜色，其余则是灰度效果，这在一些网络视频中比较常见，本案例就运用Color Pass效果制作古风视频，如图8-12所示。

图8-12

01 双击"项目"面板空白区域，在弹出的"导入"对话框中选择本书学习资源"案例文件>CH08>课堂案例：古风视频"文件夹中的"人像.mp4"文件并导入，如图8-13所示。

图8-13

02 双击导入的"人像.mp4"素材文件，在"源"监视器中设置素材的"入点"为00:00:17:00、"出点"为00:00:25:00，如图8-14所示。

图8-14

03 新建一个应用了AVCHD 1080p25预设的序列，然后将设置了入点和出点的素材插入序列中，如图8-15所示。

图8-15

04 在"效果"面板中搜索Color Pass，然后将其添加到"人像.mp4"剪辑上，此时画面变成灰度效果，如图8-16和图8-17所示。

05 本案例需要保留人像部分及伞的颜色，背景则为灰度效果，但人物身上的颜色较多不方便一次性吸取。使用"吸管"工具吸取背景的绿色，然后勾选Reverse选项，就能消除背景部分

的颜色，只保留人像部分及伞的颜色，如图8-18和图8-19所示。

图8-16

图8-17

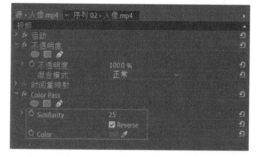

图8-18

图8-19

06 按Space键预览动画，案例最终效果如图8-20所示。

图8-20

8.2.2 Color Pass

Color Pass(颜色隔离)效果可以在画面中保留设定的颜色,其余颜色则转换为灰度效果,如图8-21所示。在"效果控件"面板中可以设置需要保留的颜色,如图8-22所示。

图8-21

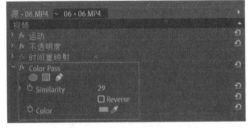

图8-22

参数详解

• **Similarity(相似性)**:控制保留颜色的相似度,数值越大,包含的相似颜色越多,如图8-23所示。

图8-23

• **Reverse(反转)**:勾选该选项后,会保留除设定颜色以外的其他颜色,如图8-24所示。

• **Color**:设置需要保留的颜色,使用右侧的"吸管工具" 可以在画面中吸取颜色。

图8-24

8.2.3 Color Replace

Color Replace(颜色替换)效果能将目标颜色更改为另一种颜色,如图8-25所示。在"效果控件"面板中可以设置目标颜色和替换颜色,如图8-26所示。

图8-25

图8-26

参数详解

• **Similarity(相似性)**:设置替换颜色的范围,数值越大,包含的相似颜色越多。

• **Solid Color(固有色)**:勾选该选项后,替换的颜色不会与画面原有的亮度进行融合,如图8-27所示。

图8-27

• **Target Color(目标颜色)**:设置需要替换的颜色。

- **Replace Color（替换颜色）：** 设置替换后的颜色。

8.2.4 Gamma Correction

Gamma Correction（伽马校正）效果用于增加或减少画面的Gamma值，从而使画面变亮或变暗，如图8-28所示。

图8-28

在"效果面板"中只用调节Gamma一个参数，如图8-29所示。Gamma的数值越小，画面越亮；Gamma的数值越大，画面越暗。

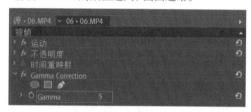

图8-29

8.2.5 黑白

"黑白"效果没有参数，只要添加该效果，彩色的画面就会自动转换为灰度模式，如图8-30所示。

图8-30

8.3 过时

"过时"类视频效果集合了旧版本中的一些效果，方便用户打开用旧版本软件制作的文件时使用。其中一些调色效果非常实用，通过曲线、颜色校正器、亮度校正器、对比度、色阶和阴影/高光等调整视频画面的效果，如图8-31所示。

图8-31

本节知识点

名称	学习目标	重要程度
RGB 曲线	熟悉"RGB 曲线"效果	中
RGB 颜色校正器	熟悉"RGB 颜色校正器"效果	中
三向颜色校正器	熟悉"三向颜色校正器"效果	中
亮度曲线	熟悉"亮度曲线"效果	中
亮度校正器	熟悉"亮度校正器"效果	中
快速颜色校正器	熟悉"快速颜色校正器"效果	中
自动对比度	熟悉"自动对比度"效果	中
自动色阶	熟悉"自动色阶"效果	中
自动颜色	熟悉"自动颜色"效果	中
阴影 / 高光	熟悉"阴影 / 高光"效果	中

8.3.1 课堂案例：暖色调视频

案例文件	案例文件 >CH08> 课堂案例：暖色调视频
难易指数	★★★☆☆
学习目标	熟悉"RGB曲线"和"快速颜色校正器"效果的使用方法

运用"RGB曲线"和"快速颜色校正器"效果可以将视频素材调整为暖黄色调，对比效果如图8-32所示。

图8-32

01 双击"项目"面板空白区域，在弹出的"导入"对话框中选择本书学习资源"案例文件>CH08>课堂案例：暖色调视频"文件夹中的素材文件并导入，如图8-33所示。

02 双击素材文件，在"源"监视器中设置素材的出点为00:00:05:00的位置，如图8-34所示。

图8-33

图8-34

03 新建一个应用了AVCHD 1080p25预设的序列，然后将"源"监视器中的片段插入序列中，如图8-35所示。效果如图8-36所示。

04 在"效果"面板中搜索"RGB曲线"效果，如图8-37所示，然后将其添加到剪辑上。

图8-35

图8-36

图8-37

05 在"效果控件"面板中调整"主要"曲线，如图8-38所示，使画面的明暗对比更加强烈。效果如图8-39所示。

06 在"效果"面板中搜索"快速颜色校正器"效果，如图8-40所示，然后将其添加到剪辑上。

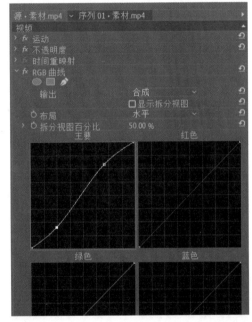

图8-38

图8-39

图8-40

07 在"效果控件"面板中调整色轮的方向,设置色相角度为0°、"平衡数量级"为40、"平衡增益"为30、"平衡角度"为-143.1°、"饱和度"为80,如图8-41所示。案例最终效果如图8-42所示。

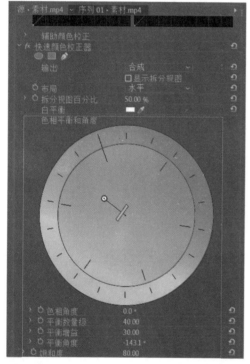

图8-41

图8-42

8.3.2 RGB曲线

"RGB曲线"效果针对红、绿、蓝颜色通道进行调色,可以使画面产生丰富的颜色效果,如图8-43所示。在"效果控件"面板中可以调整对应的曲线,如图8-44所示。

调整前　　　　　　　　调整后

图8-43

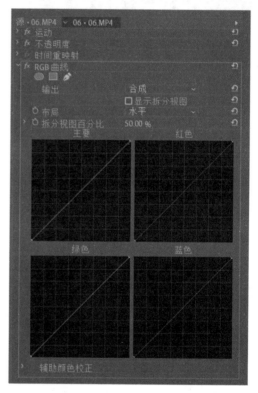

图8-44

参数详解

- **输出:** 包含"合成"和"亮度"两种输出类型。
- **布局:** 包含"水平"和"垂直"两种布局类型。
- **拆分视图百分比:** 调整素材文件的视图大小。
- **主要/红色/绿色/蓝色:** 通过曲线调整整体画面或红、绿、蓝通道的颜色,如图8-45所示。
- **辅助颜色校正:** 可以通过色相、饱和度和明度定义颜色,并对画面中的颜色进行校正。

图8-45

8.3.3 RGB颜色校正器

"RGB颜色校正器"效果是较为强大的调色效果，可以通过高光、中间调和阴影来控制画面的明暗，如图8-46所示。在"效果控件"面板中可以调整具体的参数，如图8-47所示。

调整前 调整后

图8-46

图8-47

参数详解

• **色调范围：** 可以选择"主""高光""中间调""阴影"等选项来控制画面的明暗程度。

• **灰度系数：** 根据"色调范围"来调整画面中的灰度值，如图8-48所示。

灰度系数:1 灰度系数:2

图8-48

• **基值：** 从Alpha通道中以颗粒状滤出一种杂色。

• **RGB：** 可对颜色通道中的灰度系数、基值和增益等进行设置。

> ⓘ **技巧与提示**
>
> "RGB颜色校正器"效果类似于Photoshop中的"色阶"命令，读者可以类比使用。

8.3.4 三向颜色校正器

"三向颜色校正器"效果可以通过阴影、中间调和高光来调整画面的颜色，如图8-49所示。其"效果控件"面板如图8-50所示。

调整前 调整后

图8-49

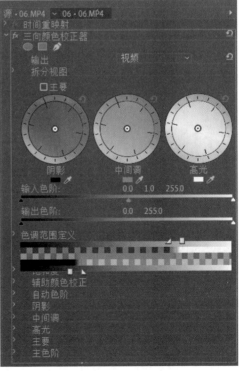

图8-50

参数详解

- **拆分视图：** 在色轮中调节阴影、中间调和高光区域的色调。
- **色调范围定义：** 滑动滑块，可以调节阴影、中间调和高光区域的色调范围阈值。
- **饱和度：** 调整剪辑画面的饱和度。
- **辅助颜色校正：** 进一步调整颜色。
- **自动色阶：** 调整剪辑画面的阴影与高光效果。
- **阴影：** 对阴影部分进行细致调整。
- **中间调：** 对中间调部分进行细致调整。
- **高光：** 对高光部分进行细致调整。
- **主要：** 对画面整体进行细致调整。
- **主色阶：** 调整画面的黑白灰色阶。

8.3.5 亮度曲线

"亮度曲线"效果通过曲线来调整剪辑画面的亮度，如图8-51所示。在"效果控件"面板中可以调节曲线，如图8-52所示。

图8-51

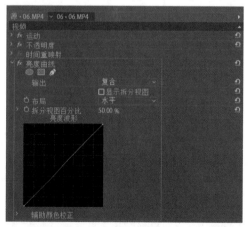

图8-52

参数详解

- **显示拆分视图：** 勾选该选项后，可显示剪辑画面调整前后的对比效果，如图8-53所示。

图8-53

- **拆分视图百分比：** 调整对比画面的占比。
- **亮度波形：** 通过调整该曲线的形状控制画面的亮度。

8.3.6 亮度校正器

"亮度校正器"效果用于调整画面的亮度、对比度和灰度，如图8-54所示。在"效果控件"面板中可以调整相应的参数，如图8-55所示。

图8-54

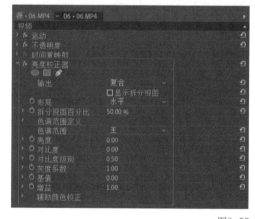

图8-55

参数详解

- **色调范围：** 可以对整体、阴影、中间调或高光区域的亮度进行调整。
- **亮度：** 控制相应色调范围的亮度。
- **对比度：** 调整画面的对比度。
- **灰度系数：** 调节画面的灰度值。

8.3.7 快速颜色校正器

"快速颜色校正器"效果可以通过色相和饱和度等调节画面的颜色，如图8-56所示。在"效果控件"面板中可以设置具体参数来进一步控制画面颜色，如图8-57所示。

调整前　　　　　　　　　　调整后

图8-56

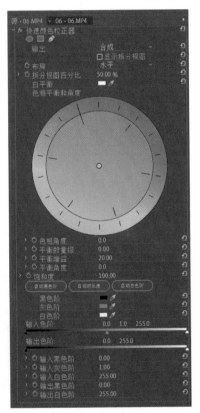

图8-57

参数详解

• **色相平衡和角度：** 通过色轮，可以手动对画面进行调色，如图8-58所示。

图8-58

• **色相角度：** 控制阴影、中间调或高光区域的色相。

• **饱和度：** 调整整体画面的饱和度。

• **输入黑色阶/灰色阶/白色阶：** 用于调整画面中阴影、中间调和高光的数量。

8.3.8 自动对比度

"自动对比度"效果可以自动调整画面的对比度，如图8-59所示。在"效果控件"面板中可以设置其参数，如图8-60所示。

调整前　　　　　　　　　　调整后

图8-59

图8-60

参数详解

• **瞬时平滑（秒）：** 控制画面的平滑程度。

• **场景检测：** 根据"瞬时平滑（秒）"参数自动进行对比度检测处理。

• **减少黑色像素：** 控制暗部像素在画面中所占的百分比。

• **减少白色像素：** 控制亮部像素在画面中所占的百分比。

• **与原始图像混合：** 控制效果与原图的混合程度。

8.3.9 自动色阶

"自动色阶"效果会自动对剪辑画面进行色阶调节，如图8-61所示。在"效果控件"面板中可以设置具体参数，如图8-62所示。

图8-61   图8-62

参数详解

• **瞬时平滑（秒）：** 控制画面的平滑程度。

• **场景检测：** 根据"瞬时平滑（秒）"参数自动进行色阶检测处理。

• **减少黑色像素：** 控制暗部像素在画面中所占的百分比。

• **减少白色像素：** 控制亮部像素在画面中所占的百分比。

8.3.10 自动颜色

"自动颜色"效果可以自动调节画面的颜色，如图8-63所示。在"效果控件"面板中可以设置相关参数，如图8-64所示。

图8-63   图8-64

参数详解

• **瞬时平滑（秒）：** 控制画面的平滑程度。

• **场景检测：** 根据"瞬时平滑（秒）"参数自动进行颜色检测处理。

• **减少黑色像素：** 控制暗部像素在画面中所占的百分比。

• **减少白色像素：** 控制亮部像素在画面中所占的百分比。

8.3.11 阴影/高光

"阴影/高光"效果用于调整画面的阴影和高

光部分，如图8-65所示。在"效果控件"面板中可以设置相关参数，如图8-66所示。

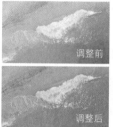

图8-65   图8-66

参数详解

• **自动数量：** 勾选该选项后，会自动调节画面的阴影和高光部分。

• **阴影数量/高光数量：** 控制画面中阴影、高光的数量。

• **瞬时平滑（秒）：** 当移动播放指示器后，呈现新画面所需要的时长。

• **更多选项：** 可以对画面的阴影、高光和中间调等进行调整。

8.4 颜色校正

"颜色校正"类视频效果可以校正剪辑画面的颜色，使其形成不同的风格，如图8-67所示。

图8-67

本节知识点

名称	学习目标	重要程度
ASC CDL	熟悉 ASC CDL 效果的用法	中
Brightness & Contrast	熟悉亮度/对比度效果的使用方法	中
Lumetri 颜色	掌握"Lumetri 颜色"效果的使用方法	高
色彩	熟悉"色彩"效果的使用方法	中
颜色平衡	熟悉"颜色平衡"效果的使用方法	中

8.4.1 课堂案例：小清新色调视频

案例文件	案例文件 >CH08> 课堂案例：小清新色调视频
难易指数	★★★★☆
学习目标	掌握 "Lumetri 颜色" 效果的使用方法

本案例使用 "Lumetri颜色" 效果为视频调整色调，效果如图8-68所示。

图8-68

01 双击 "项目" 面板空白区域，在弹出的 "导入" 对话框中选择本书学习资源 "案例文件>CH08>课堂案例：小清新色调视频" 文件夹中的素材文件并导入，如图8-69所示，然后将其拖曳到 "时间轴" 面板中生成序列。

图8-69

02 在 "效果" 面板中搜索 "Lumetri颜色" 效果，然后将其添加到剪辑上，如图8-70所示。

图8-70

03 在 "效果控件" 面板中展开 "基本校正" 卷展栏，设置 "色温" 为−30、"色彩" 为−20、"饱和度" 为75、"曝光" 为0.5、"对比度" 为−15、"高光" 为0、"阴影" 为−30、"白色" 为−32，"黑色" 为20，如图8-71所示。效果如图8-72所示。

图8-71

图8-72

04 在 "效果控件" 面板中展开 "曲线" 卷展栏，调整 "RGB曲线" 的形态，如图8-73所示。效果如图8-74所示。

图8-73

图8-74

05 继续调整 "色相与饱和度" 的曲线，增加青色和红色的饱和度，如图8-75所示。效果如图8-76所示。

图8-75

图8-76

06 在 "晕影" 卷展栏中设置 "数量" 为−3，如图8-77所示。效果如图8-78所示。

图8-77

图8-78

07 在"效果"面板中搜索"镜头光晕"效果，如图8-79所示，并将其添加到剪辑上。

图8-79

08 在"效果控件"面板中设置"光晕中心"为(1027.1,0)、"光晕亮度"为200%、"镜头类型"为"50-300毫米变焦"、"与原始图像混合"为80%，如图8-80所示。案例最终效果如图8-81所示。

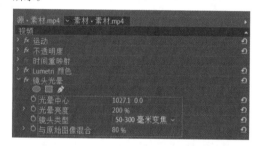

图8-80

图8-81

> ⚠ **技巧与提示**
>
> 光晕只要位于画面上方即可，本案例中设置的坐标仅供参考。

8.4.2 ASC CDL

ASC CDL效果可以对画面中的红、绿、蓝

3色单独进行调整，从而更改画面的颜色，如图8-82所示。在"效果控件"面板中可以单独调整每个通道的的偏移量，如图8-83所示。

调整前 调整后

图8-82

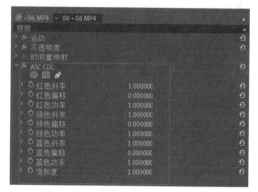

图8-83

参数详解

• **红色斜率**：调整画面中红色和蓝色的量，取值范围为0～10。当小于1时画面变蓝，当大于1时画面变红。

• **红色偏移**：调整画面中红色和蓝色的量，取值范围为−10～10。当小于0时画面变蓝，当大于1时画面变红。

• **红色功率**：调整画面中红色和蓝色的量，取值范围为0～10。当小于1时画面变红，当大于1时画面变蓝。

• **绿色斜率**：调整画面中紫色和绿色的量，取值范围为0～10。当小于1时画面变紫，当大于1时画面变绿。

• **绿色偏移**：调整画面中紫色和绿色的量，取值范围为−10～10。当小于0时画面变紫，当大于1时画面变绿。

• **绿色功率**：调整画面中紫色和绿色的量，取值范围为0～10。当小于1时画面变绿，当大于1时画面变紫。

• **蓝色斜率**：调整画面中黄色和蓝色的量，取值范围为0～10。当小于1时画面变黄，当大于1时画面变蓝。

• **蓝色偏移**：调整画面中黄色和蓝色的量，取

值范围为−10～10。当小于0时画面变黄，当大于1时画面变蓝。

- **蓝色功率：** 调整画面中黄色和蓝色的量，取值范围为0～10。当小于1时画面变蓝，当大于1时画面变黄。

- **饱和度：** 调整画面颜色的饱和度。

8.4.3 Brightness&Contrast

Brightness&Contrast（亮度/对比度）效果可以调整画面的亮度与对比度，如图8-84所示。在"效果控件"面板中可以设置其参数，如图8-85所示。

图8-84

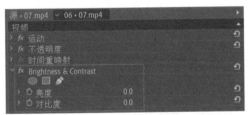

图8-85

参数详解

- **亮度：** 调节画面的明暗程度，如图8-86所示。

图8-86

- **对比度：** 调节画面中颜色的对比度，如图8-87所示。

图8-87

8.4.4 Lumetri颜色

"Lumetri颜色"效果可通过多种方式调整画面的高光、阴影、色相和饱和度等，如图8-88所示，类似于Photoshop中的调色工具。其"效果控件"面板如图8-89所示。

图8-88　　　　　　　　　图8-89

1.基本校正

"基本校正"卷展栏中的参数用于调整剪辑画面的色温、色彩、高光、阴影和饱和度等，如图8-90所示。

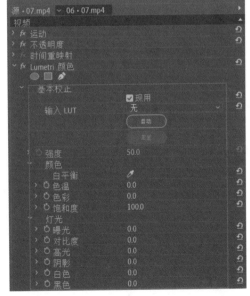

图8-90

参数详解

- **输入LUT：** 在该下拉菜单中可以选择软件自带的LUT调色文件，也可以从外部加载LUT文件，如图8-91所示。

- **自动：** 单击该按钮，软件会根据画面效果自动进行颜色校正。
- **白平衡：** 设置画面的白平衡效果，一般保持默认。
- **色温：** 控制画面的色温，如图8-92所示。

图8-91

图8-92

- **色彩：** 控制画面的色调，如图8-93所示。

图8-93

- **饱和度：** 控制画面的颜色浓度。
- **曝光：** 控制画面的曝光强度。
- **对比度：** 控制画面的明暗对比度。
- **高光：** 控制画面高光部分的明暗。
- **阴影：** 控制画面阴影部分的明暗。
- **白色：** 控制画面亮部的明暗。
- **黑色：** 控制画面暗部的明暗。

> ⓘ **技巧与提示**
>
> 高光/白色在调整时视觉上会感觉效果相似，没有太大区别，但是从"Lumetri 范围"面板的曲线上就会明显观察到区别。阴影/黑色也是相同的道理。

2.创意

"创意"卷展栏中的参数用于调整剪辑画面的锐化、自然饱和度、阴影和高光色彩，以及色彩平衡等，如图8-94所示。

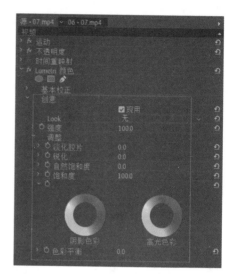

图8-94

参数详解

- **Look：** 在该下拉菜单中可以选择不同的滤镜效果，图8-95所示为两种滤镜效果的应用效果对比。

图8-95

- **强度：** 控制滤镜的强度。
- **淡化胶片：** 该参数可以让画面产生胶片感，如图8-96所示。

图8-96

- **锐化：** 该参数可以锐化画面。
- **自然饱和度：** 该参数用于控制画面的自然饱和度。
- **饱和度：** 该参数用于控制画面的饱和度。

> ⓘ **技巧与提示**
>
> "自然饱和度"相比于"饱和度"，在画面的颜色过渡上更加平缓。

● **阴影色彩：** 在色轮中调整画面阴影部分的色调，如图8-97所示。

阴影色彩：蓝色　　　　　阴影色彩：紫色

图8-97

● **高光色彩：** 在色轮中调整画面高光部分的色调，如图8-98所示。

高光色彩：蓝色　　　　　高光色彩：紫色

图8-98

● **颜色平衡：** 控制两个色轮的颜色强度。

3.曲线

"曲线"卷展栏通过曲线调整剪辑画面的亮度、饱和度和通道颜色等，如图8-99所示。

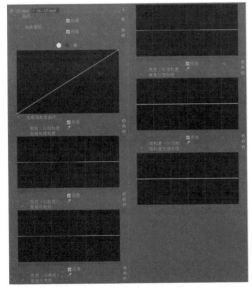

图8-99

参数详解

● **RGB曲线：** 调整全图、红色、绿色和蓝色4个通道的曲线，白色曲线控制图像的明暗，红色、绿色、蓝色曲线控制画面中3种颜色的含量。

● **色相与饱和度：** 在该曲线中可以单独控制一种或多种颜色的饱和度，如图8-100所示。

图8-100

● **色相与色相：** 在该曲线中可以更改一种或多种颜色的色相，如图8-101所示。

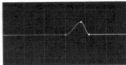

图8-101

● **色相与亮度：** 在该曲线中可以更改一种或多种颜色的亮度，如图8-102所示。

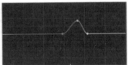

图8-102

● **亮度与饱和度：** 在该曲线中可以更改画面的饱和度。

● **饱和度与饱和度：** 在该曲线中可以更改画面的饱和度。

4.色轮和匹配

在"色轮和匹配"卷展栏中，可以通过色轮调整剪辑画面阴影、中间调和高光区域的色调和亮度等，如图8-103所示。

图8-103

参数详解

• **比较视图：**单击该按钮后，"节目"监视器会变成左右两个画面，方便对比调节前后的效果。

• **阴影：**通过色轮和左侧滑块调节画面阴影部分的色调和亮度，如图8-104所示。

图8-104

> ① **技巧与提示**
>
> 色轮用来调节画面的色调，左侧的滑块用来调节画面的亮度，如图8-105所示。
>
> 色调
> 亮度
> 中间调
>
> 图8-105

• **中间调：**通过色轮和左侧滑块调节画面中间调部分的色调和亮度，如图8-106所示。

图8-106

• **高光：**通过色轮和左侧滑块调节画面高光部分的色调和亮度，如图8-107所示。

图8-107

5.HSL辅助

"HSL辅助"卷展栏用于调整单独颜色的亮度和饱和度等，如图8-108所示。

图8-108

参数详解

• **设置颜色/添加颜色/移除颜色：**设置需要更改色相的颜色范围。

• **H/S/L：**调整拾取颜色的色相、饱和度和亮度。

• **显示蒙版：**勾选该选项后会显示蒙版，如图8-109所示。蒙版中只会显示拾取的颜色范围，未拾取的颜色则显示为灰色，不受调整影响。

• **反转蒙版：**勾选该选项后会反转蒙版效果，只显示未拾取的颜色范围。

• **重置：**单击该按钮会重置卷展栏中的所有设置。

• **降噪：**调整蒙版的边缘，使其更加圆滑，如图8-110所示。

图8-109　　　　　　　　　图8-110

• **模糊：**提高蒙版的模糊度，使其边缘变得更加柔和，如图8-111所示。

• **色轮：**快速调整拾取颜色的色相，如图8-112所示。

图8-111　　　　　　　　　图8-112

• **色温/色彩：**通过数值调整拾取颜色的色相。

• **对比度：**调整拾取颜色的对比度。

• **锐化：**增强拾取颜色的锐化效果。

• **饱和度：**调整拾取颜色的饱和度。

6.晕影

"晕影"卷展栏用于在画面四角添加白色或黑

色的晕影,如图8-113
所示。

参数详解

• **数量:** 该数值为
正值时添加白色晕影,该
数值为负值时添加黑色晕
影,如图8-114所示。

图8-113

图8-114

• **中点:** 调整晕影的范围,如图8-115所示。

图8-115

• **圆度:** 调整晕影的外形,如图8-116所示。

图8-116

• **羽化:** 调整晕影边缘的羽化效果。

8.4.5 色彩

"色彩"效果通过更改颜色对图像进行颜色
变换处理,如图8-117所示。在"效果控件"面
板中可以设置具体参
数,如图8-118所示。

图8-117

图8-118

参数详解

• **将黑色映射到:** 可以将画面中的深色替换为
该颜色,如图8-119所示。

图8-119

• **将白色映射到:** 可以将画面中的浅色替换为
该颜色,如图8-120所示。

图8-120

• **着色量:** 设置两种颜色在画面中的浓度。

8.4.6 颜色平衡

"颜色平衡"效果可以单独调整阴影、中间调
和高光区域的红色、绿色、蓝色通道,如图8-121
所示。在"效果控件"面板中可以设置相应的参
数,如图8-122所示。

图8-121   图8-122

参数详解

• **阴影红色平衡/阴
影绿色平衡/阴影蓝色平
衡:** 控制阴影部分的红
色、绿色、蓝色通道量,
如图8-123所示。

图8-123

• **中间调红色平衡/中间调绿色平衡/中间调蓝色
平衡:** 控制中间调部分的红色、绿色、蓝色通道量,
如图8-124所示。

• **高光红色平衡/高光绿色平衡/高光蓝色平衡:** 控制高光部分的红色、绿色、蓝色通道量,如图8-125所示。

图8-124　　　　　图8-125

8.5 课后习题

本章讲解了使用Premiere Pro进行调色的常用效果,下面通过两个课后习题巩固本章所学的内容。

8.5.1 课后习题:为风景视频调色

案例文件	案例文件 >CH08> 课堂案例: 为风景视频调色
难易指数	★★★☆☆
学习目标	掌握"Lumetri颜色"效果的使用方法

本习题需要对一段风景视频进行调色,将使用"Lumetri颜色"效果,对比效果如图8-126所示。

图8-126

01 在"项目"面板中导入学习资源"案例文件>CH08>课堂案例:为风景视频调色"文件夹中的素材文件。

02 在"源"监视器中截取5秒的素材,并添加到序列中。

03 添加"Lumetri颜色"效果,在"基本校正"卷展栏中快速校正画面的亮度。

04 在"创意"卷展栏中添加SL BLUE COLD滤镜。

05 在"曲线"卷展栏中调整画面亮度,并增加黄色和蓝色的饱和度。

06 在"色轮和匹配"卷展栏中设置"阴影"为紫色、"高光"为黄色。

8.5.2 课后习题:夏日荷塘视频

案例文件	案例文件 >CH08> 课堂案例: 夏日荷塘视频
难易指数	★★★☆☆
学习目标	掌握多种调色效果的使用方法

本习题需要为一段荷塘视频素材调色,使其符合夏日的感觉,对比效果如图8-127所示。

图8-127

01 在"项目"面板中导入学习资源"案例文件>CH08>课堂案例:夏日荷塘视频"的素材文件。

02 在"源"监视器中截取5秒的素材,并添加到序列中。

03 添加"Lumetri颜色"效果,在"基本校正"卷展栏中快速校正画面的亮度。

04 在"创意"卷展栏中添加SL NEUTRAL START滤镜。

05 在"曲线"卷展栏中调整画面亮度,并增加粉色的饱和度。

06 在"色轮和匹配"卷展栏中设置"阴影"为蓝色、"高光"为黄色。

07 新建一个"调整图层"并添加到序列中。

08 在"调整图层"上添加"镜头光晕"效果并设置图层"混合模式"为"柔光"。

第 9 章

音频效果

本章导读

本章主要讲解 Premiere Pro 的音频效果。一段音频经过处理后，可以模拟不同的音质，从而更好地搭配相应的画面内容。

学习目标

◆ 掌握常用的音频效果。

◆ 掌握常用的音频过渡效果。

9.1 常用的音频效果

"音频效果"卷展栏中包含50多种音频效果，每种效果所产生的声音都不相同。

本节知识点

名称	学习目标	重要程度
强制限幅	熟悉"强制限幅"效果的使用方法	中
音高换档器	熟悉"音高换档器"效果的使用方法	中
降噪	掌握"降噪"效果的使用方法	高
模拟延迟	掌握"模拟延迟"效果的使用方法	高
高通	熟悉"高通"效果的使用方法	中
吉他套件	熟悉"吉他套件"效果的使用方法	中

9.1.1 课堂案例：喇叭广播音效

案例文件	案例文件 >CH09> 课堂案例：喇叭广播音效
难易指数	★★★☆☆
学习目标	掌握"吉他套件"和"模拟延迟"效果的使用方法

喇叭广播音效是一种常见音效，运用"吉他套件"和"模拟延迟"两个效果就能将一段正常播放的音乐转换为喇叭广播音效。

01 双击"项目"面板空白区域，在弹出的"导入"对话框中选择本书学习资源"案例文件>CH09>课堂案例：喇叭广播音效"文件夹中的音频素材并导入，如图9-1所示。

图9-1

02 将素材拖曳到"时间轴"面板中，生成一个序列，如图9-2所示。

图9-2

03 在"效果"面板中选中"吉他套件"效果，如图9-3所示，然后将其添加到音频剪辑上。

图9-3

04 在"效果控件"面板中单击"编辑"按钮 **编辑** ，然后在弹出的面板中设置"预设"为"驱动盒"，如图9-4所示。

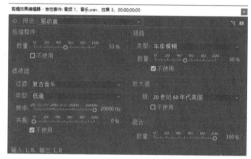

图9-4

05 按Space键播放音频，可以发现音频的音调发生了明显的改变。继续在"效果"面板中选择"模拟延迟"效果，将其添加到音频剪辑上，如图9-5所示。

06 按Space键播放音频，就可以听到带回声的效果。此时观察"音频仪表"面板，会发现音频已经出现爆音现象，如图9-6所示。

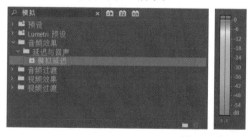

图9-5　图9-6

07 在"效果"面板中选中"强制限幅"效果，然后将其添加到音频剪辑上，如图9-7所示。

图9-7

08 在"效果控件"面板中单击"编辑"按钮 **编辑...** ，在弹出的面板中设置"最大振幅"为−5dB，如图9−8所示。

09 按Space键播放音频，可以观察到"音频仪表"面板中已经没有爆音现象，如图9−9所示。至此，本案例制作完成。

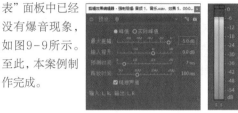

图9−8　　图9−9

9.1.2 强制限幅

"强制限幅"效果可以在不出现爆音的情况下尽可能地提高声音的音量。在"效果控件"面板中可以设置相关参数，如图9−10所示。

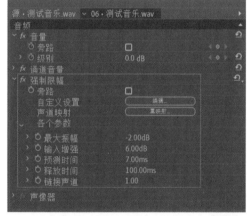

图9−10

参数详解

• **自定义设置：** 单击"编辑"按钮 **编辑...** ，在弹出的面板中可以设置声音的振幅和音量大小，如图9−11所示。

　　» **最大振幅：** 控制音量的最大范围。

　　» **输入提升：** 在音量最大范围内提高或降低音量。

• **声道映射：** 单击"重映射"按钮 **重映射...** 会打开图9−12所示的面板。在该面板中可以设置不同的输出声道。

图9−11　　　　　　　　　　　　　图9−12

9.1.3 音高换档器

"音高换档器"效果用于调整音频的音高。在"效果控件"面板中可以设置相关参数，如图9−13所示。

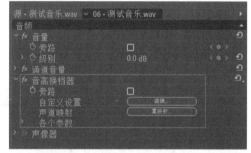

图9−13

参数详解

• **旁路：** 勾选该选项后，可将调整后的音频效果还原为调整前的状态。

• **自定义设置：** 单击"编辑"按钮 **编辑...** 会弹出图9−14所示的面板。在该面板中可以调节声音的音调高低。

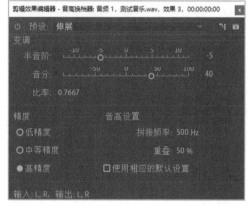

图9−14

9.1.4 降噪

"降噪"效果用来消除前期录音时产生的杂音或电流声。在"效果控件"面板中可以设置相关参数,如图9-15所示。

图9-15

参数详解

• **自定义设置:** 单击"编辑"按钮 编辑... ,在弹出的面板中可以设置不同的降噪强度,如图9-16所示。

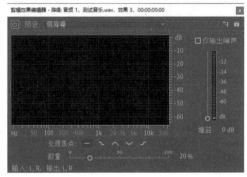

图9-16

> ① **技巧与提示**
>
> 降噪在一定程度上也会影响原有音频的声音效果,所以在降噪时要适度。

• **声道映射:** 设置声音输出的声道。

9.1.5 模拟延迟

"模拟延迟"效果可以为音频制作缓慢的回声效果。在"效果控件"面板中可以设置相关参数,如图9-17所示。

图9-17

参数详解

• **自定义设置:** 单击"编辑"按钮 编辑... ,会弹出"剪辑效果编辑器"面板,如图9-18所示。

> » **预设:** 在该下拉菜单中可以选择不同类型的回声效果,如图9-19所示。

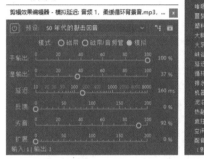

图9-18   图9-19

> » **干输出/湿输出:** 设置不同声音效果的强度。
> » **延迟:** 设置回声的延迟时长。

• **声道映射:** 设置声音输出的声道。

9.1.6 高通

"高通"效果用于将音频的频率限制在一定数值之下,在"效果控件"面板中可以设置相关参数,如图9-20所示。

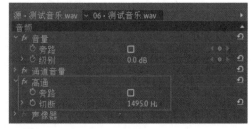

图9-20

参数详解

- **旁路：** 勾选该选项，可以还原原始的声音效果。
- **切断：** 该数值代表声音频率的最大值。

9.1.7 吉他套件

"吉他套件"效果可以模拟吉他的弹奏效果，让音质产生不同的变化。在"效果面板"中可以设置其参数，如图9-21所示。

图9-21

参数详解

- **自定义设置：** 单击"编辑" 编辑... 按钮，会弹出"剪辑效果编辑器"面板，如图9-22所示。在该面板中可以设置不同效果的音质。

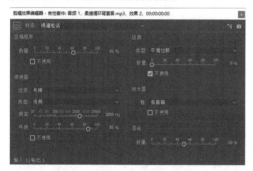

图9-22

- **各个参数：** 可以调节"合成量""滤镜频率""滤镜共振"等参数。

9.2 "基本声音"面板

"基本声音"面板可以智能地帮助用户处理音频文件，比添加各种声音效果更简便，如图9-23所示。执行"窗口>基本声音"菜单命令就能在工作界面的右侧打开该面板。

图9-23

本节知识点

名称	学习目标	重要程度
对话	掌握对话的使用方法	高
音乐	掌握音乐的使用方法	高
SFX	熟悉SFX的使用方法	中
环境	熟悉环境的使用方法	中

9.2.1 课堂案例：背景音乐回避人声音效

案例文件	案例文件>CH09>课堂案例：背景音乐回避人声音效
难易指数	★★★★☆
学习目标	掌握对话和音乐的使用方法

利用"音乐"卷展栏中的"回避"功能，能制作出让背景音乐自动回避人声的音频效果。

01 新建一个项目，然后将本书学习资源"案例文件>CH09>课堂案例：背景音乐回避人声音效"文件夹中的素材文件全部导入"项目"面板中，如图9-24所示。

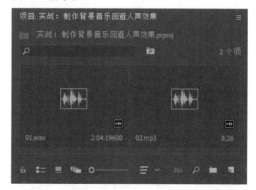

图9-24

02 选中01.wav素材文件，将其拖曳到"时间轴"面板中，生成一个序列，如图9-25所示。

图9-25

03 选中02.mp3素材文件，将其拖曳到A2轨道上，如图9-26所示。

图9-26

04 将A2轨道的音频按照内容裁剪为4段，然后将它们拉开一定距离，如图9-27所示。

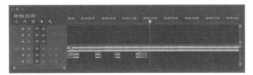

图9-27

> (!) 技巧与提示
>
> 读者可以用自己录制的音频来代替原有的音频文件，并裁剪成需要的段落。音频剪辑的间隔按照具体情况进行设置。

05 选中A2轨道的所有音频剪辑，在"基本声音"面板中单击"对话"按钮 ▣ 对话，如图9-28所示。

06 选中A1轨道的音频剪辑，然后在"基本声音"面板中单击"音乐"按钮 ▣ 音乐，如图9-29所示。

图9-28

图9-29

07 在"音乐"卷展栏中勾选"回避"选项，设置"敏感度"为5、"闪避量"为−20dB、"淡化"为500毫秒，然后单击"生成关键帧"按钮 生成关键帧，如图9-30所示。

图9-30

08 按Space键播放音频，就可以听到在音频剪辑部分，背景音乐会自动消失而只保留语音；不在音频剪辑部分时，背景音乐会自动播放。使用"剃刀工具" ◆ 裁剪并删除多余的背景音乐剪辑，如图9-31所示。

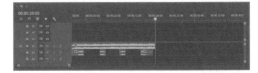

图9-31

9.2.2 对话

选中音频剪辑后单击"对话"按钮 ▣ 对话，会切换到"对话"的相关内容，如图9-32所示。

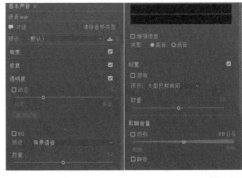

图9-32

参数详解

• **响度：** 单击"自动匹配"按钮 自动匹配 就能匹配合适的响度，如图9-33所示。

图9-33

• **修复：** 在其中可以消除音频中各种类型的杂

声,如图9-34所示。

　　»　减少杂色:减少音频中的噪声。

　　»　降低隆隆声:减少音频中的回音。

图9-34

　　»　消除嗡嗡声:减少录制音频时产生的电流音。

　　»　消除齿音:减少录制音频时产生的"咔哒"声。

　　»　减少混响:减少录制音频时产生的混音效果,让声音更加清晰。

　　•　透明度:在其中可以调整音频的音色,如图9-35所示。

　　»　动态:勾选后可以调整音频的自然度。

　　»　EQ:在该下拉菜单中选择不同的音频预设,如图9-36所示。

图9-35　　　　　　　图9-36

　　»　数量:控制EQ中的音频类型的强度。

　　»　增强语音:勾选后可以选择需要增强的音频的高音或低音部分。

　　•　创意:在其中可以选择不同的混响类型,如图9-37所示。

图9-37

　　•　剪辑音量:控制音频剪辑的声音大小。

　　•　静音:勾选后音频剪辑会静音。

9.2.3　音乐

　　选中音频剪辑后单击"音乐"按钮,会切换到"音乐"的相关内容,如图9-38所示。

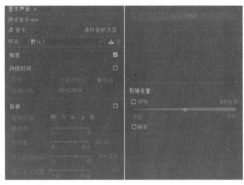

图9-38

参数详解

　　•　预设:在该下拉菜单中可以选择音乐与音频剪辑的混合方式,如图9-39所示。

　　•　持续时间:当设置"预设"为"混音为30秒"等相关混音类型时,会激活其下方的参数,以设置混音的方式和持续时间。

　　•　回避:当设置"预设"为"平滑人声闪避"等相关闪避类型时,会激活其下方的参数,如图9-40所示。

图9-39　　　　　　　图9-40

　　»　回避依据:设置音乐回避的类型,默认为语音。

　　»　敏感度:设置音乐回避的敏感度。

　　»　闪避量:设置音乐回避时的声音大小。

　　»　淡入淡出时间:设置音乐在遇到需要回避的音频位置时的淡入淡出时长。

　　»　淡入淡出位置:当趋近于外部时,音乐在回避的位置基本听不到;当趋近于内部时,音乐在回避的位置可以听到部分。

　　•　生成关键帧:当设置完成后,单击此按钮,就能听到回避后的音频效果。

9.2.4 SFX

选中音频剪辑后单击SFX按钮 ，会切换到SFX的相关内容，如图9-41所示。SFX用于制作不同类型的音效，可以提升音频的整体质感。

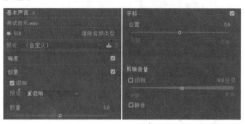

图9-41

参数详解

• **预设**：在该下拉菜单中可以选择不同的音效类型，如图9-42所示。

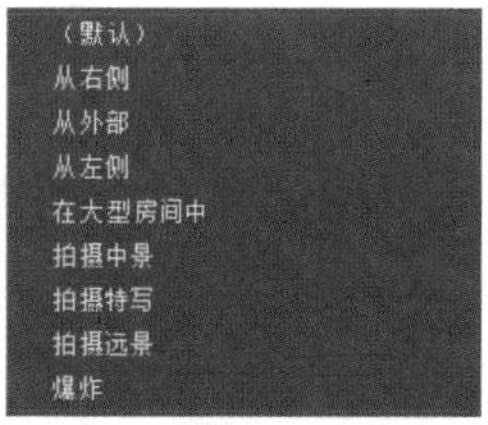

• **创意**：在其中可以设置不同的混响类型。

» **预设**：在该下拉菜单中可以选择混响的类型，如图9-43所示。

图9-42

» **数量**：设置混音的强度。

图9-43

• **平移**：设置混音靠近哪一侧输出。

9.2.5 环境

选中音频剪辑后单击"环境"按钮，会切换到"环境"的相关内容，如图9-44所示。

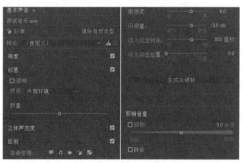

图9-44

参数详解

• **预设**：在该下拉菜单中可以选择环境音效的类型，如图9-45所示。

• **创意**：在其中可以设置混响的相关参数。

» **混响**：勾选后音频会产生混响效果。

» **预设**：设置混响的类型，如图9-46所示。

图9-45

图9-46

» **数量**：设置混响的强度。

• **立体声宽度**：在其中可以设置立体声的宽度。

• **回避**：其用法与"音乐"中的"回避"一致。

9.3 音频过渡效果

音频过渡用于将同轨道上的两段音频剪辑通过转场效果进行声音的交叉过渡。

本节知识点

名称	学习目标	重要程度
恒定功率	实现平滑渐变的过渡效果	高
恒定增益	以恒定的速率更改音频进出的过渡效果	高
指数淡化	以指数方式自上而下地淡入音频	中

9.3.1 课堂案例：拼接背景音乐

案例文件	案例文件 >CH09> 课堂案例：拼接背景音乐
难易指数	★★★☆☆
学习目标	掌握"恒定功率"过渡效果的使用方法

本案例需要将两段舒缓的音乐进行拼接，然后作为背景音乐。

01 双击"项目"面板空白区域，在弹出的"导入"对话框中选择本书学习资源"案例文件>CH09>课堂案例：拼接背景音乐"文件夹中的所有素材并导入，如图9-47所示。

02 将01.mp4素材文件拖曳到A1轨道，如图9-48所示。

03 按Space键播放音频，在00:00:16:00的位置使用"剃刀工具" 裁剪剪辑，如图9-49所示。

04 继续播放音频，在00:00:40:10的位置裁剪剪辑，并删掉后半部分剪辑，如图9-50所示。

图9-47

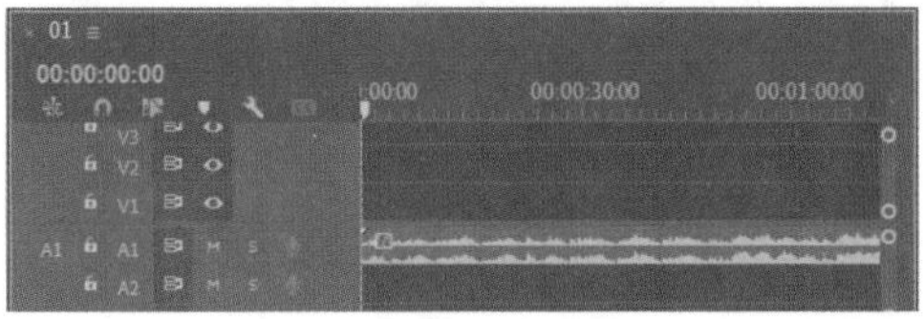

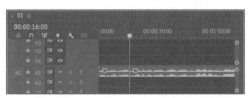

图9-48

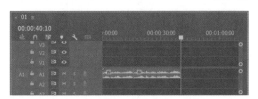

图9-49

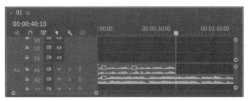

图9-50

05 将02.wav素材文件拖曳到A2轨道上，如图9-51所示。

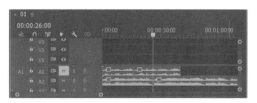

图9-52

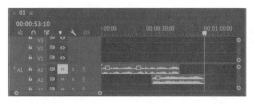

图9-53

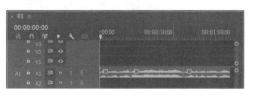

图9-54

09 在"效果"面板中搜索"恒定功率"过渡效果，然后将其添加到第1段和第2段音频剪辑之间，如图9-55和图9-56所示。

图9-55

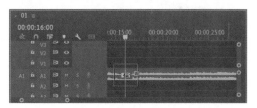

图9-56

图9-51

06 静音A1轨道，然后按Space键播放A2轨道的音频，在00:00:26:00的位置使用"剃刀工具"  裁剪剪辑，如图9-52所示。

07 在00:00:53:10的位置使用"剃刀工具" 裁剪剪辑，并删掉头尾的两段剪辑，如图9-53所示。

08 将3段剪辑拼合到A1轨道上，其中原来A2轨道的剪辑需要放在中间位置，如图9-54所示。

10 选中"恒定功率"过渡效果，在"效果控件"面板中设置"持续时间"为00:00:05:00，如图9-57所示。此时"时间轴"面板如图9-58所示。

图9-57

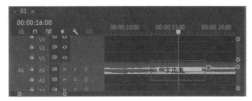

图9-58

11 将"恒定功率"过渡效果添加到第2段和第3段剪辑之间,并设置"持续时间"为00:00:05:00,如图9-59所示。至此,本案例制作完成。

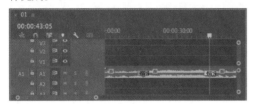

图9-59

9.3.2 恒定功率

"恒定功率"过渡效果用于实现平滑渐变的过渡,与视频过渡效果"溶解"类似。在"效果控件"面板中,可以设置其"持续时间"等参数,如图9-60所示。

图9-60

参数详解

• **持续时间:** 设置过渡效果的持续时长。

• **对齐:** 在该下拉菜单中可以选择过渡效果切入的位置,如图9-61所示。

图9-61

9.3.3 恒定增益

"恒定增益"过渡效果是以恒定的速率更改音频进出的效果。在"效果控件"面板中,可以设置其"持续时间"等参数,如图9-62所示。

图9-62

9.3.4 指数淡化

"指数淡化"过渡效果是以指数方式自上而下地淡入音频。在"效果控件"面板中,可以设置其"持续时间"等参数,如图9-63所示。

图9-63

9.4 课后习题

本章讲解了使用Premiere Pro制作音频的方法,下面通过两个课后习题巩固本章所学的内容。

9.4.1 课后习题:机器人语音

案例文件	案例文件 >CH09>课后习题:机器人语音
难易指数	★★★☆☆
学习目标	掌握"模拟延迟"和"音高换档器"效果的使用方法

机器人语音音效会有延迟的效果,需要使用"模拟延迟"效果和"音高换档器"效果来模拟。

01 在"项目"面板中导入资源文件夹"案例文件>CH09>课后习题:机器人语音"中的素材文件。

02 在音频剪辑上添加"模拟延迟"效果。

03 设置"预设"为"机器人声音",并调整"延迟"为25、"劣音"为70。

04 在音频剪辑上添加"音高换档器"效果。

9.4.2 课后习题:耳机音效

案例文件	案例文件 >CH09>课后习题:耳机音效
难易指数	★★★☆☆
学习目标	掌握"高通"效果的使用方法

本习题模拟耳机播放音乐的音效,需要用到"高通"效果。耳机播放音乐时会有音质改变或失真的特点。

01 在"项目"面板中导入资源文件夹"案例文件>CH09>课后习题:耳机音效"中的素材文件。

02 在音频剪辑上添加"高通"效果。

第 10 章

输出作品

本章导读

本章主要讲解 Premiere Pro 中作品的输出方法。当制作完视频和音频后，就需要将其合成输出为一个单独的可播放文件。

学习目标

◆ 掌握导出设置。

◆ 了解常用的文件格式。

10.1 导出设置

视频编辑完成后，就需要将其导出为需要的文件。选中"时间轴"面板按快捷键Ctrl+M或直接单击界面上方的"导出"按钮 导出 ，就可以切换到"导出"界面，如图10-1所示。

图10-1

本节知识点

名称	学习目标	重要程度
设置	掌握导出文件基本参数的设置方法	高
视频	熟悉"视频"卷展栏的使用方法	中
音频	熟悉"音频"卷展栏的使用方法	中
字幕	熟悉"字幕"卷展栏的使用方法	中
效果	熟悉"效果"卷展栏的使用方法	中
常规	熟悉"常规"卷展栏的使用方法	中
预览	掌握预览画面内容的方法	高

10.1.1 设置

在"设置"选项卡中可以设置导出文件的名称、保存路径和格式等信息，如图10-2所示。

图10-2

参数详解

- **文件名：**设置导出文件的名称。
- **位置：**设置导出文件的保存路径。
- **预设：**设置导出文件的预设类型。

- **格式：**在该下拉菜单中可以选择需要的格式，如图10-3所示。

图10-3

> **技巧与提示**
>
> Premiere Pro提供了多种视频和音频格式，但在实际工作中运用到的格式却不多，下面简单介绍一些常用的视频和音频格式。
>
> AVI：导出后生成.avi视频文件，体积较大，输出较慢。
>
> H.264：导出后生成.mp4视频文件，体积适中，输出较快，应用范围最广。
>
> QuickTime：导出后生成.mov视频文件，适用于macOS播放器。
>
> Windows Media：导出后生成.wmv视频文件，适用于Windows系统播放器。
>
> MP3：导出后生成.mp3音频文件，是常用的音频格式。

10.1.2 视频

"视频"卷展栏中的参数用于设置导出视频画面的相关信息，如图10-4所示。

图10-4

参数详解

● **匹配源：** 单击该按钮，可以将序列的相关信息与素材的信息统一。

● **帧大小：** 设置画幅的大小。

● **帧速率：** 设置每秒的帧数。

● **场序：** 设置画面扫描方式。

● **长宽比：** 设置画面像素长宽比。

10.1.3 音频

"音频"卷展栏中的参数用于控制输出音频的相关属性，如图10-5所示。

图10-5

参数详解

● **音频格式：** 设置输出音频的格式，默认为AAC，也可以选择MPEG。

● **音频编解码器：** 设置音频文件的编解码方式。

● **采样率：** 设置录音设备在单位时间内对模拟信号采样的多少，采样频率越高，机械波的波形就越真实自然。

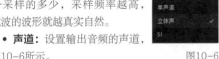

● **声道：** 设置输出音频的声道，如图10-6所示。

图10-6

● **比特率【kbps】：** 设置音频每秒传送的比特(bit)数。比特率越高，传送数据的速度越快。

10.1.4 字幕

"字幕"卷展栏中的参数用于对导出的文字进行调整，如图10-7所示。

图10-7

参数详解

● **导出选项：** 设置字幕的导出类型。

● **文件格式：** 设置字幕的导出格式。

● **帧速率：** 设置每秒显示的字幕帧数。

10.1.5 效果

"效果"卷展栏中的参数可以为输出的视频添加一些额外的效果，如图10-8所示。

图10-8

参数详解

● **Lumetri Look/LUT：** 在其中可以添加Lumetri滤镜或LUT调色文件。

● **SDR 遵从情况：** 在其中可以调整视频画面的亮度和对比度等。

● **图像叠加：** 可以在其中加载其他图片，常用于添加水印。

● **名称叠加：** 在其中可以添加文字内容，如图10-9所示。

● **时间码叠加：** 在其中可以设置时间码效果，如图10-10所示。

图10-9 图10-10

10.1.6 常规

"常规"卷展栏中的参数可以帮助用户设置导出文件的其他信息，如图10-11所示。

参数详解

• **导入项目中：** 将视频导入指定的项目中。

图10-11

• **使用预览：** 如果已经生成预览，勾选此选项后所使用的渲染时间将会减少。

• **使用代理：** 将使用代理提升输出速度。

10.1.7 预览

在"预览"选项卡中可以预览输出的画面内容，设置输出范围并输出文件，如图10-12所示。

参数详解

• **范围：** 在该下拉菜单中可以设置输出的时间范围，如图10-13所示。

• **导出：** 单击该按钮，即可输出文件。

图10-12   图10-13

> ⓘ **技巧与提示**
>
> "发送至Media Encoder"按钮处于灰色状

态时代表计算机没有安装Adobe Media Encoder 2023。Adobe Media Encoder 2023可以批量输出 Premiere Pro和After Effects的工程文件。在旧版本中，如果要输出.mp4文件，必须安装该软件才可以输出，但是Premiere Pro 2023自带输出.mp4文件的H.264选项，不需要单独安装该软件。

10.2 常用的文件格式

本节将为读者讲解常见的视频、音频和图片格式文件的输出方法。

本节知识点

名称	学习目标	重要程度
AVI 格式	掌握输出 AVI 格式文件的设置方法	高
MP4 格式	掌握输出 MP4 格式文件的设置方法	高
MOV 格式	掌握输出 MOV 格式文件的设置方法	高
JPG 格式	掌握输出 JPG 格式文件的设置方法	高
GIF	熟悉 GIF 动图的导出方法	中
MP3 格式	熟悉 MP3 文件的导出方法	中

10.2.1 课堂案例：输出MP4 格式视频文件

案例文件	案例文件 >CH10> 课堂案例：输出 MP4 格式视频文件
难易指数	★★☆☆☆
学习目标	掌握输出 MP4 格式文件的方法

本案例需要将一段视频素材和一段音频素材共同输出为MP4格式的视频文件，效果如图10-14所示。

图10-14

01 在"项目"面板中导入本书学习资源"案例文件>CH10>课堂案例：输出MP4格式视频文件"文件

夹中的素材文件，如图10-15所示。

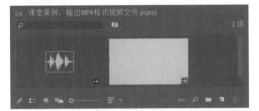

图10-15

02 将01.mp4素材文件拖曳到"时间轴"面板中，生成一个序列，如图10-16所示。

图10-16

03 将02.mp3素材文件添加到A1轨道上，覆盖原有的音频剪辑，如图10-17所示。

图10-17

04 切换到"导出"面板，在"设置"中输入"文件名"为"课堂案例：输出MP4格式视频文件.mp4"，然后设置"位置"为案例文件的路径，接着设置"格式"为H.264，如图10-18所示。

图10-18

05 在界面右下角单击"导出"按钮 导出 ，就可以导出文件，如图10-19所示。

图10-19

06 导出完成后，在之前设置的案例文件的路径

里就可以找到渲染完成的MP4格式的视频，如图10-20所示。

图10-20

07 在视频中随意截取4帧，效果如图10-21所示。

图10-21

10.2.2 AVI格式视频文件

AVI英文全称为Audio Video Interleaved，即音频视频交错。AVI信息主要存在于多媒体光盘上，用来保存电视、电影等各种影像信息。

当我们需要将制作的视频文件输出为AVI格式时，首先需要在"设置"中将"格式"调整为AVI，如图10-22所示。

图10-22

调整完成后会在"预览"中发现输出文件的

尺寸、帧率和长宽比都与制作文件时设置的序列参数完全不同，如图10-23所示。

图10-23

在"视频"卷展栏中设置"视频编解码器"为Microsoft Video 1，然后设置"帧大小"为"全高清（1920×1080）"、"帧速率"为29.97、"场序"为"逐行"、"长宽比"为"方形像素（1.0）"，如图10-24所示。

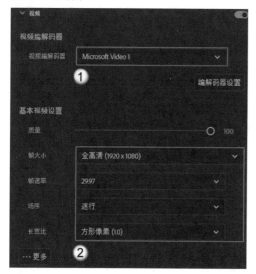

图10-24

> ⓘ **技巧与提示**
>
> "质量"数值最好调到100，以保证画质最佳。AVI格式的文件很大，为了缩小文件，可以适当调低"质量"的数值。

调整完成后，在"预览"界面就能观察到输出的文件参数与源参数一致，单击"导出"按钮 导出 ，就能导出AVI格式的视频文件，如图10-25所示。

图10-25

10.2.3 MP4格式视频文件

MP4格式常用于视频、音频文件的输出。当我们需要输出MP4格式的文件时，只需要在"设置"中将"格式"调整为H.264即可，如图10-26所示。

图10-26

> ⓘ **技巧与提示**
>
> 如果读者使用低版本的Premiere Pro输出MP4格式，必须通过Adobe Media Emcoder才能导出，低版本的Premiere Pro不带该种格式。

10.2.4 MOV格式视频文件

MOV格式是苹果公司开发的一种音频、视频文件封装格式，用于存储常用数字媒体类型。MOV格式最大的优势是可以存储视频的Alpha通道，形成具有透明背景的视频文件，方便与其他视频文件进行合成。

当我们需要输出MOV格式的文件时，需要在"设置"中将"格式"调整为QuickTime，如图10-27所示。

如果只想输出视频的Alpha通道，在"视频"卷展栏中勾选"仅渲染Alpha通道"选项即可，如图10-28所示。

图10-27

图10-28

10.2.5 JPG格式图片文件

JPG格式是一种常见的图片格式。当我们需要输出图片文件的时候，需要在"设置"中将"格式"调整为JPEG，如图10-29所示。

图10-29

现有的设置会输出序列图片，即序列中的每一帧都会输出为图片。如果我们只想输出某个单帧，就需要在"视频"卷展栏中取消勾选"导

出为序列"选项，如图10-30所示。单击"导出"按钮 ，就可以输出JPG格式的单帧图片。

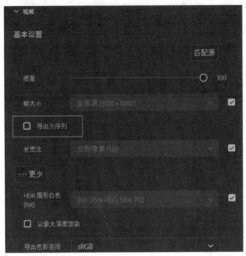

图10-30

10.2.6 GIF图片文件

我们日常使用的表情包图片多为GIF，是将多张图片合并为一张后的动画图片。当我们需要输出GIF文件时，需要在"设置"中将"格式"调整为"动画GIF"，如图10-31所示。单击"导出"按钮 ，就可以输出GIF动图。

图10-31

10.2.7 MP3格式音频文件

MP3格式是常见的音频文件格式。如果我们要输出一段制作好的音频，或单独提取视频中携带的音频，则需要在"设置"中将"格式"调整为MP3，如图10-32所示。

在"音频"卷展栏中可以设置音频的声道及比特率，如图10-33所示。

图10-32

图10-33

> (!)技巧与提示
>
> 除非是特殊情况，否则"声道"保持默认的"立体声"选项。"音频比特率"最好设置为320kbps。

10.3 课后习题

本章讲解了使用Premiere Pro输出不同格式文件的方法，下面通过两个课后习题巩固本章所学的内容。

10.3.1 课后习题：输出单帧图片

案例文件	案例文件 >CH10> 课后习题：输出单帧图片
难易指数	★★☆☆☆
学习目标	掌握输出 JPG 格式文件的方法

本习题需要将视频中某一帧输出为JPG格式的图片，效果如图10-34所示。

图10-34

01 在"项目"面板中导入学习资源"案例文件>CH10>课后习题：输出单帧图片"文件夹中的素材文件。

02 将素材文件拖曳到"时间轴"面板中，生成一个序列。

03 在"导出"界面中设置文件的名称、保存路径和格式。

04 在"视频"卷展栏中取消勾选"导出为序列"选项。

05 在"预览"界面中拖曳播放指示器，找到需要导出的帧画面。

10.3.2 课后习题：输出GIF表情包

案例文件	案例文件 >CH10> 课后习题：输出 GIF 表情包
难易指数	★★☆☆☆
学习目标	掌握输出 GIF 文件的方法

本习题需要将一段视频输出为GIF表情包，效果如图10-35所示。

图10-35

01 在"项目"面板中导入学习资源"案例文件>CH10>课后习题：输出GIF表情包"文件夹中的素材文件。

02 将素材文件拖曳到"时间轴"面板中，生成一个序列。

03 新建白色的"颜色遮罩"图层，并将其放置于素材下方的轨道上。

04 在"导出"界面中设置文件的名称、保存路径和格式。

05 单击"导出"按钮 导出 输出动图。

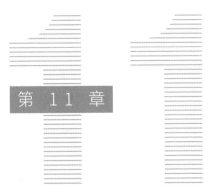

第 11 章

综合案例实训

本章导读

本章会将之前学习的内容进行汇总，完整制作5个综合案例。这些案例在制作上有一定的难度，读者可结合案例视频进行学习。

学习目标

◆ 掌握电子相册的制作方法。

◆ 掌握节目预告视频的制作方法。

◆ 掌握企业宣传视频的制作方法。

◆ 掌握美食节目片尾的制作方法。

◆ 掌握动感快闪视频的制作方法。

11.1 旅游电子相册

案例文件	案例文件 >CH11> 旅游电子相册
难易指数	★★★★★
学习目标	掌握电子相册的制作方法

电子相册是常见的视频类型。本案例运用之前学习的知识制作一个旅游主题的电子相册，案例最终效果如图11-1所示。

图11-1

11.1.1 镜头01

01 新建一个项目，然后将本书学习资源"案例文件>CH11>旅游电子相册"文件夹中的素材文件全部导入"项目"面板中，并将它们放在不同的文件夹中，如图11-2所示。

图11-2

> ① **技巧与提示**
>
> 将素材分类到不同的文件夹中会方便查找。

02 新建一个应用了AVCHD 1080p25预设的序列，并将其命名为"镜头01"，然后将01.jpg图片文件添加到V1轨道上，如图11-3所示。

图11-3

03 在"效果控件"面板中设置"缩放"为40，使图片铺满画面，如图11-4所示。

图11-4

04 将V1轨道的剪辑向上复制到V2轨道，然后设置"缩放"为60，如图11-5所示。

图11-5

05 在V2轨道的剪辑上添加"线性擦除"效果，在00:00:01:00的位置添加"过渡完成"关键帧，然后在00:00:04:00的位置设置"过渡完成"为100%，效果如图11-6所示。

图11-8

图11-6

06 选中两个关键帧，将其转换为"缓入"和"缓出"效果，然后调整对应的运动曲线，如图11-7所示。

图11-9

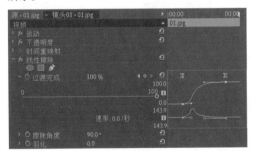

图11-7

07 在V2轨道的剪辑上添加"色彩"效果，设置"着色量"为50%，如图11-8所示。效果如图11-9所示。

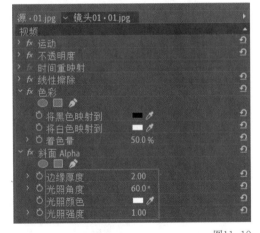

图11-10

08 继续在V2轨道的剪辑上添加"斜面Alpha"效果，设置"边缘厚度"为2、"光照角度"为60°、"光照颜色"为白色、"光照强度"为1，如图11-10所示。效果如图11-11所示。

图11-11

179

09 将V2轨道的剪辑向上复制到V3轨道，然后在"效果控件"面板中设置"缩放"为40、"着色量"为100%、"光照角度"为-60°，如图11-12所示。效果如图11-13所示。

11-18所示。

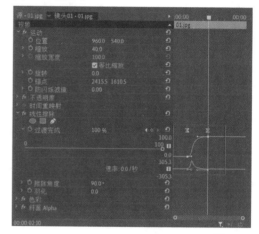

图11-14

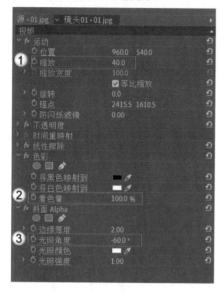

图11-12

图11-13

10 移动播放指示器到00:00:02:10的位置，然后移动"线性擦除"效果末尾的关键帧到播放指示器的位置，如图11-14所示。效果如图11-15所示。

11 新建蓝色的"颜色遮罩"图层，然后将其添加到V4轨道上，并设置"不透明度"为20%，效果如图11-16所示。

12 在"项目"面板中选中"纹理.psd"素材文件，将其添加到V5轨道上，并设置"缩放"为120、"不透明度"为50%、"混合模式"为"线性减淡（添加）"，如图11-17所示。效果如

图11-15

图11-16

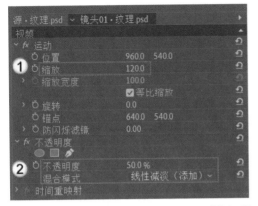

图11-17

图11-18

11.1.2 镜头02

01 在"项目"面板中选中"镜头01"序列，按快捷键Ctrl+C复制，然后按快捷键Ctrl+V粘贴，将复制的序列命名为"镜头02"，如图11-19所示。

图11-19

技巧与提示

为了方便管理镜头序列，笔者单独建立了文件夹并将镜头序列放入其中。

02 双击"镜头02"序列，"时间轴"面板中会显示该序列中的所有轨道，如图11-20所示。

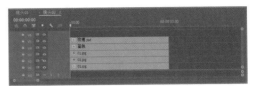

图11-20

03 双击02.jpg素材文件，在"源"监视器中显示该文件，如图11-21所示。

图11-21

04 选中"镜头02"序列中的3个01.jpg剪辑，单击鼠标右键，在弹出的菜单中选择"使用剪辑替换>从源监视器"选项，如图11-22所示。将02.jpg替换到添加了效果和关键帧的3个剪辑上，如图11-23所示。

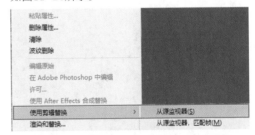

图11-22

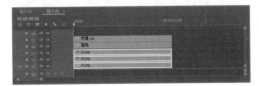

图11-23

若是发现菜单选项是灰色的无法选择，则需要将02.jpg素材文件在"源"监视器中打开以激活对应选项。

05 由于素材图片的尺寸不同，需要灵活修改"缩放"的数值，画面效果如图11-24所示。

图11-24

06 选中V2和V3轨道的剪辑，调整"线性擦除"下的"擦除角度"都为130°，如图11-25所示。效果如图11-26所示。

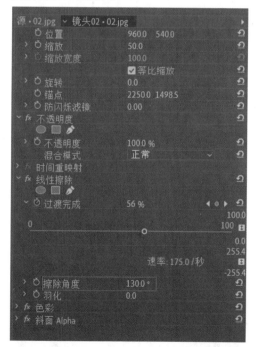

图11-25

图11-26

11.1.3 镜头03

01 在"项目"面板中复制"镜头02"序列，将生成的新序列重命名为"镜头03"，如图11-27所示。

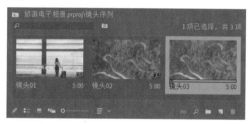

图11-27

02 双击"镜头03"序列，按照"11.1.2 镜头02"中的步骤03～步骤05的方法替换剪辑为03.jpg素材文件，并适当调整"缩放"的数值，如图11-28所示。效果如图11-29所示。

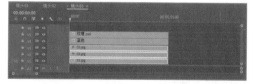

图11-28

图11-29

03 选中V3轨道的剪辑,设置"线性擦除"下的"擦除角度"为210°,如图11-30所示。效果如图11-31所示。

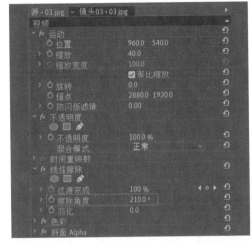

图11-30

图11-31

04 继续调整该剪辑的"斜面Alpha"下的"光照角度"为60°,如图11-32所示。效果如图11-33所示。

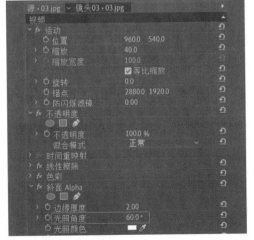

图11-32

图11-33

11.1.4 镜头04

01 在"项目"面板中复制"镜头03"序列,将生成的新序列重命名为"镜头04",如图11-34所示。

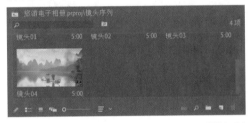

图11-34

02 双击"镜头04"序列,按照"11.1.2 镜头02"中的步骤03~步骤05的方法替换剪辑为04.jpg素材文件,并适当调整"缩放"的数值,如图11-35所示。效果如图11-36所示。

图11-35

图11-36

03 选中V2轨道的剪辑，在"效果控件"面板中修改"擦除角度"为-40°、"光照角度"为130°，如图11-37所示。效果如图11-38所示。

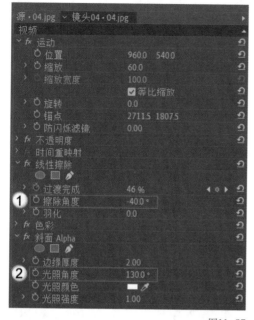

图11-37

04 选中V3轨道的剪辑，在"效果控件"面板中修改"擦除角度"为25°、"光照角度"为200°，如图11-39所示。效果如图11-40所示。

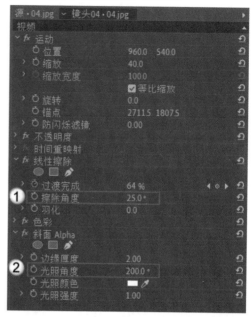

图11-39

图11-38

图11-40

11.1.5 镜头05

01 在"项目"面板中复制"镜头04"序列，将生成的新序列重命名为"镜头05"，如图11-41所示。

02 双击"镜头05"序列，按照"11.1.2 镜头02"中的步骤03～步骤05的方法替换剪辑为05.jpg素材文件，并适当调整"缩放"的数值，如图11-42所示。效果如图11-43所示。

03 选中V2轨道的剪辑，在"效果控件"面板中修改

"擦除角度"为-40°、"光照角度"为130°，如图11-44所示。效果如图11-45所示。

图11-41

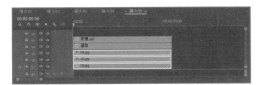

图11-42

图11-43

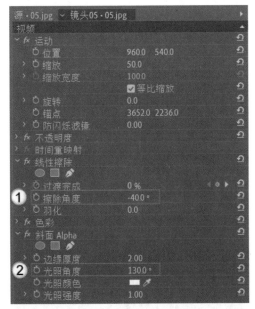

图11-44

图11-45

04 选中V3轨道的剪辑，在"效果控件"面板中修改"擦除角度"为270°、"光照角度"为90°，如图11-46所示。效果如图11-47所示。

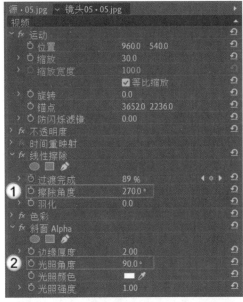

图11-46

图11-47

11.1.6 总序列

01 新建一个应用了AVCHD 1080p25预设的序列，将其命名为"总序列"，然后将"配乐.mp3"素材文件添加到A1轨道上，如图11-48所示。

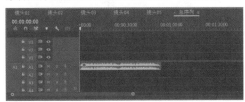

图11-48

02 移动播放指示器到00:00:25:10的位置，然后使用"剃刀工具"![剃刀]裁剪剪辑，并删掉后半部分，如图11-49所示。

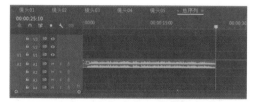

图11-49

03 根据音频的节奏点将5个镜头序列摆放到轨道上，如图11-50所示。

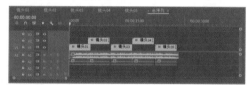

图11-50

04 可以看到有些镜头剪辑之间还存在缝隙，需要延长原有的剪辑来填补这些缝隙，如图11-51所示。

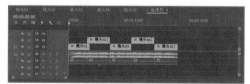

图11-51

05 选中"镜头01"剪辑，为其添加"变换"效果，在剪辑起始位置添加"缩放"关键帧，然后在剪辑末尾设置"缩放"为120，如图11-52所示。

图11-52

06 在"镜头01"剪辑与"镜头02"剪辑相接的位置添加"位置"关键帧，然后在剪辑末尾将素材向下移动出画面范围，效果如图11-53所示。

图11-53

07 在"镜头02"剪辑上添加"变换"效果，在剪辑起始位置添加"缩放"关键帧，然后在剪辑末尾设置"缩放"为120，如图11-54所示。

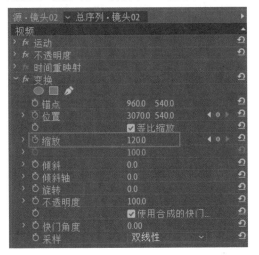

图11-54

08 适当延长"镜头02"剪辑，与"镜头03"剪辑产生重叠，然后在相接的位置添加"位置"关键帧，在剪辑末尾将素材向右移动出画面范围，效果如图11-55所示。

图11-55

09 在"镜头03"剪辑上添加"变换"效果，在剪辑起始位置添加"缩放"关键帧，在剪辑末尾设置"缩放"为120，如图11-56所示。效果如图11-57所示。

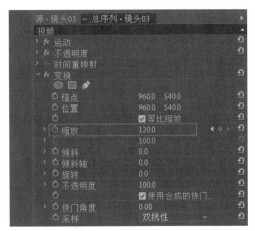

图11-56

图11-57

10 将"镜头03"剪辑上的"变换"效果复制到"镜头04"和"镜头05"剪辑上，效果如图11-58和图11-59所示。

图11-58

图11-58（续）

图11-59

11 在"镜头03"和"镜头04"剪辑中间添加"推"过渡效果，如图11-60所示。

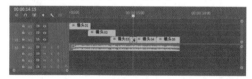

图11-60

12 选中"推"过渡效果，设置其方向为"自南向北"，如图11-61所示。效果如图11-62所示。

图11-61

图11-62

13 在"镜头04"和"镜头05"剪辑中间也添加"推"过渡效果，如图11-63所示。

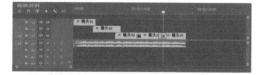

图11-63

14 在"效果控件"面板中设置其方向为"自东向西"，如图11-64所示。效果如图11-65所示。

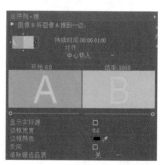

图11-64

图11-65

图11-65（续）

15 在最顶层的轨道中添加"光效.mp4"素材文件，如图11-66所示。

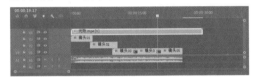

图11-66

16 在"效果控件"面板中设置"混合模式"为"线性减淡（添加）"、"不透明度"为20％，如图11-67所示。效果如图11-68所示。

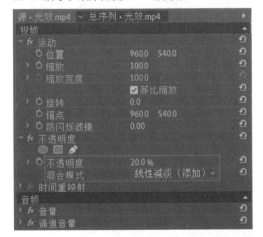

图11-67

图11-68

11.1.7 渲染输出

01 单击界面上方的"导出"按钮 导出，切换到"导出"界面，如图11-69所示。

图11-69

02 在"设置"中设置"文件名""位置"和"格式"，具体设置如图11-70所示。

图11-70

> ⓘ **技巧与提示**
>
> 文件名和保存路径仅供参考，读者按照实际情况设置即可。

03 在"视频"卷展栏中勾选"使用最高渲染质量"选项，以保证渲染的视频画质较好，如图11-71所示。

图11-71

04 单击"导出"按钮  即可开始渲染，系统会弹出对话框显示导出的进度，如图11-72所示。

图11-72

05 渲染完成后，在之前设置的保存路径里就可以找到渲染完成的MP4格式的视频，如图11-73所示。

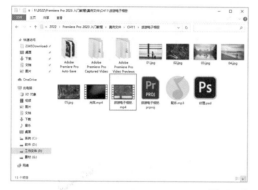

图11-73

06 在视频中随意截取4帧，效果如图11-74所示。

图11-74

11.2 节目预告视频

案例文件	案例文件 >CH11> 节目预告视频
难易指数	★★★★★
学习目标	掌握节目预告视频的制作方法

　　本案例制作一个简单的节目预告视频，需要通过转场效果串联两个单独的镜头序列，案例效果如图11-75所示。

图11-75

11.2.1 镜头01

01 在"项目"面板中导入本书学习资源"案例文件>CH11>节目预告视频"文件夹中的素材文件，如图11-76所示。

图11-76

02 新建一个应用了AVCHD 1080p25预设的序列，将其命名为"镜头01"，将01.mp4素材文件添加到V1轨道上，如图11-77所示。

图11-77

03 使用"矩形工具"□在画面中绘制一个红色的矩形，如图11-78所示。

04 使用"钢笔工具"✐调整矩形锚点的位置，如图11-79所示。

图11-78　　　　　　图11-79

05 将V2轨道上的图形剪辑向上复制到V3轨道，

然后给V2轨道的剪辑添加"水平翻转"效果，如图11-80所示。

06 将V2轨道的图形的填充颜色调整为橙色，效果如图11-81所示。

图11-80

图11-81

07 调整橙色图形的大小，让画面更加好看，如图11-82所示。

图11-82

08 选中两个图形剪辑，然后单击鼠标右键，在弹出的菜单中选择"嵌套"选项，如图11-83所示。将嵌套序列命名为"字幕条"，如图11-84所示。

图11-83

图11-84

09 双击进入"字幕条"序列，使用"矩形工具"  绘制一个矩形框，关闭其"填充"效果，勾选"描边"选项，设置"描边"颜色为白色、"描边宽度"为20、"对齐方式"为"中心"，如图11-85所示。效果如图11-86所示。

图11-85

图11-86

10 使用"椭圆工具"  在画面中绘制一个黑色的圆环，如图11-87所示。

图11-87

11 选中橙色的图形，在剪辑起始位置设置"不透明度"为0%并添加关键帧，在00:00:01:00的位置设置"不透明度"为100%并添加关键帧，将两个关键帧转换为"缓入"和"缓出"效果，效果如图11-88所示。

图11-88

技巧与提示

在制作动画关键帧时，应先隐藏其他轨道的剪辑，以避免误操作。

12 选中红色的图形，在00:00:00:15的位置设置"不透明度"为0%并添加关键帧，在00:00:01:15的位置设置"不透明度"为100%并添加关键帧，将两个关键帧转换为"缓入"和"缓出"效果，效果如图11-89所示。

图11-89

13 选中白色的矩形框，在00:00:01:20的位置设置"不透明度"为0%并添加关键帧，在00:00:02:10的位置设置"不透明度"为100%并添加关键帧，将两个关键帧转换为"缓入"和"缓出"效果，效果如图11-90所示。

图11-90

⑭ 选中黑色的圆环，在00:00:02:00的位置设置"不透明度"为0%并添加关键帧，在00:00:02:15的位置设置"不透明度"为100%并添加关键帧，将两个关键帧转换为"缓入"和"缓出"效果，效果如图11-91所示。

图11-91

⑮ 选中白色的矩形框，在剪辑起始位置添加"旋转"关键帧，在剪辑末尾设置"旋转"为4x0°，如图11-92所示。效果如图11-93所示。

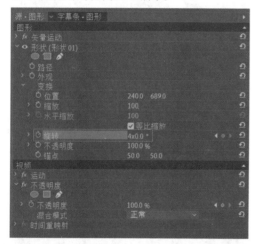

图11-92

图11-93

> ⓘ **技巧与提示**
>
> 在设置"旋转"关键帧时，需要注意设置的是"形状"卷展栏中的"旋转"参数，而不是"运动"卷展栏中的"旋转"参数。两者的区别是锚点的位置不同，所呈现的旋转效果也不同。

⑯ 选中黑色的圆环，在"变换"卷展栏中设置"锚

点"为（70,57.5），如图11-94所示。效果如图11-95所示。

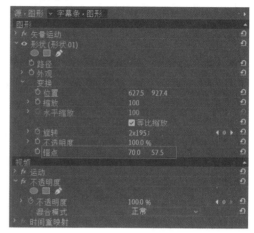

图11-94

⑰ 在剪辑起始位置添加"旋转"关键帧，在剪辑末尾设置"旋转"为4x0°，如图11-96所示。效果如图11-97所示。

图11-95

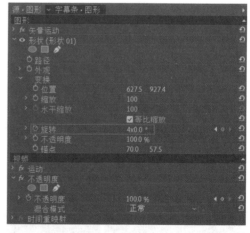

图11-96

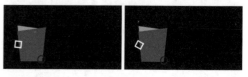

图11-97

⑱ 使用"文字工具" T 在画面中输入"广告时间"文

字,设置"字体"为"方正综艺简体"、"字体大小"为150、"填充"颜色为白色、"描边"颜色为橙色、"描边大小"为10,如图11-98所示。效果如图11-99所示。

19 将文字剪辑向上复制一份,修改文字内容为"马上回来",效果如图11-100所示。

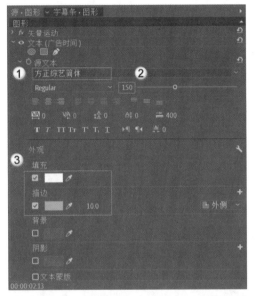

图11-98

图11-99

图11-100

20 在"广告时间"文字剪辑上添加"线性擦除"效果,然后在00:00:02:10的位置设置"过渡完成"为100%并添加关键帧,设置"擦除角度"为−90°,如图11-101所示。

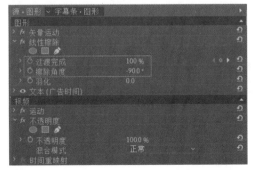

图11-101

21 在00:00:05:00的位置设置"过渡完成"为0%,效果如图11-102所示。

图11-102

> **⚠ 技巧与提示**
>
> 隐藏"马上回来"文字剪辑,方便观察动画效果。

22 按快捷键Ctrl+C复制"线性擦除"效果,然后选中"马上回来"文字剪辑,在00:00:03:20的位置粘贴效果,效果如图11-103所示。

图11-103

23 返回"镜头01"序列,画面效果如图11-104所示。

图11-104

11.2.2 镜头02

01 新建一个应用了AVCHD 1080p25预设的序列,将其命名为"镜头02",然后新建红色的"颜色遮罩"图层,并放置在V1轨道上,如图11-105所示。画面效果如图11-106所示。

图11-105

图11-106

⚪ **技巧与提示**

红色遮罩图层与"镜头01"中的红色矩形颜色相同。

02 在红色的"颜色遮罩"图层上添加"线性擦除"效果，设置"过渡完成"为75%、"擦除角度"为–75°，如图11-107所示。画面效果如图11-108所示。

图11-110

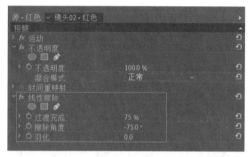

图11-107

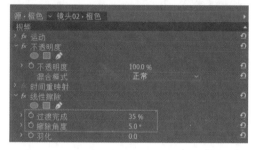

图11-111

图11-108

03 新建橙色的"颜色遮罩"图层，将其放在红色"颜色遮罩"图层下方的轨道上，如图11-109所示。画面效果如图11-110所示。

04 在橙色的"颜色遮罩"图层上添加"线性擦除"效果，设置"过渡完成"为35%、"擦除角度"为5°，如图11-111所示。效果如图11-112所示。

图11-112

⚪ **技巧与提示**

调整关键帧曲线的操作在后续的步骤中不会专门讲解，读者根据动画效果灵活处理即可。

05 新建一个青色的"颜色遮罩"图层，将其放在最下方的轨道上，如图11-113所示。画面效果如图11-114所示。

图11-109

图11-113

图11-114

06 使用"文字工具" T 在画面中输入"即将播出"文字，在"效果控件"面板中设置"字体"为"方正综艺简体"、"字体大小"为160、"字距调整"为80、"填充"颜色为白色、"描边"颜色为橙色、"描边宽度"为10，如图11-115所示。效果如图11-116所示。

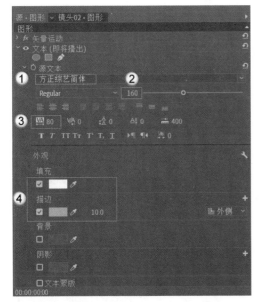

图11-115

图11-116

07 使用"矩形工具" ■在画面中绘制一个白色的圆角矩形，效果如图11-117所示。

图11-117

08 将文字剪辑复制一份，修改文字内容为"音乐游记"，效果如图11-118所示。

图11-118

09 将"预告01.jpg"素材文件添加到顶层的轨道上，然后将其缩小并放置于白色圆角矩形的上方，效果如图11-119所示。

图11-119

10 将上一步导入的图片剪辑转换为"嵌套序列"，并命名为"预告"，如图11-120所示。

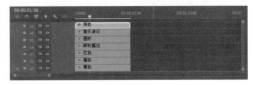

图11-120

⓫ 双击进入"预告"序列，在同一轨道上继续添加"预告02.jpg"和"预告03.jpg"图片素材，如图11-121所示。

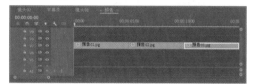

图11-121

⓬ 缩短每个图片剪辑的长度，使其持续时间为2秒，如图11-122所示。

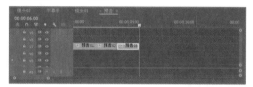

图11-122

⓭ 在"效果"面板中搜索"交叉溶解"过渡效果，将其添加到3个剪辑间的连接位置，并设置"持续时间"为00:00:01:20，如图11-123所示。

图11-123

⓮ 返回"镜头02"序列，在"即将播出"文字剪辑上添加"线性擦除"效果，在剪辑起始位置设置"过渡完成"为100%并添加关键帧，然后设置"擦除角度"为-90°，如图11-124所示。

图11-124

⓯ 移动播放指示器到00:00:00:20的位置，设置"过渡完成"为0%，如图11-125所示。动画效果

如图11-126和图11-127所示。

图11-125

图11-126

图11-127

⓰ 在白色圆角矩形剪辑上添加"线性擦除"效果，然后移动播放指示器到00:00:00:20，设置"过渡完成"为100%并添加关键帧，接着设置"擦除角度"为0°，如图11-128所示。

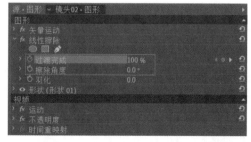

图11-128

17 移动播放指示器到00:00:01:10的位置，设置"过渡完成"为0%，如图11-129所示。动画效果如图11-130所示。

图11-129

图11-131

图11-130

18 选中"音乐游记"文字剪辑，在00:00:01:00的位置设置"不透明度"为0%并添加关键帧，然后在00:00:01:10的位置设置"不透明度"为100%，效果如图11-131所示。

19 移动播放指示器到00:00:01:10的位置，然后移动"预告"嵌套序列的起始位置到播放指示器的位置，如图11-132所示。

20 选中"预告"嵌套序列，在起始位置设置"不透明度"为0%并添加关键帧，然后在00:00:01:20的位置设置"不透明度"为100%，动画效果如图11-133所示。

图11-132

图11-133

> **⚠ 技巧与提示**
>
> 这一步添加"不透明度"关键帧是为了让动画看起来更加柔和，图片直接出现画面会显得有些生硬。

11.2.3 总序列

01 新建一个应用了AVCHD 1080p25预设的序列，将其命名为"总序列"，然后在V1轨道上添加"镜头01"和"镜头02"两个序列，如图11-134所示。

图11-134

02 移动播放指示器到00:00:05:20的位置，然后将"过场.mp4"素材文件添加到V2轨道上，如图11-135所示。

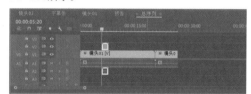

图11-135

03 移动播放指示器发现素材画面会完成遮挡下方轨道的素材画面，如图11-136所示。在"效果"面板中搜索"颜色键"效果，将其添加到"过场.mp4"剪辑上，如图11-137所示。

图11-136

图11-137

04 在"效果控件"面板中设置"主要颜色"为黑色、"颜色容差"为6、"边缘细化"为1，如图11-138所示。画面中的黑色被抠掉就能显示下方轨道的画面内容了，如图11-139所示。

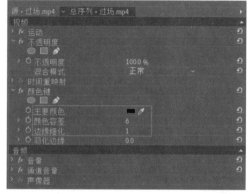

图11-138

图11-139

05 移动播放指示器到00:00:06:18的位置，使用"剃刀工具" ◈ 裁剪"镜头01"剪辑，并删掉后半部分，如图11-140所示。"过场.mp4"剪辑的画面如图11-141所示。

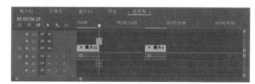

图11-140

图11-141

06 将"镜头02"剪辑拼合到"镜头01"剪辑后方,如图11-142所示。移动播放指示器观察画面,发现"即将播出"文字会在转场结束前就完全出现,如图11-143所示。

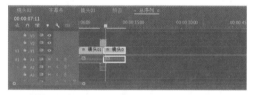

图11-142

图11-143

07 返回"镜头02"序列中,选中"即将播出"剪辑的关键帧,然后将起始关键帧移动到00:00:00:12的位置,效果如图11-144所示。

图11-144

08 将"音频.mp3"素材文件添加到音频轨道上,然后裁剪多余的音频,如图11-145所示。

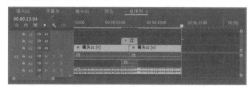

图11-145

09 移动播放指示器到00:00:12:00的位置,然后在"效果控件"面板中添加"级别"关键帧,保持音量大小不变,如图11-146所示。

图11-146

10 移动播放指示器到音频剪辑末尾,设置"级别"为-281.1dB,使音量变为最小,如图11-147所示。

图11-147

11.2.4 渲染输出

01 单击界面上方的"导出"按钮 ，切换到"导出"界面,如图11-148所示。

图11-148

02 在"设置"中设置"文件名""位置"和"格式",具体设置如图11-149所示。

图11-149

03 在"视频"卷展栏中勾选"使用最高渲染质量"选项,以保证渲染的视频画质较好,如图11-150所示。

图11-150

04 单击"导出"按钮 即可开始渲染,系统会弹出对话框显示导出的进度,如图11-151所示。

图11-151

05 渲染完成后,在之前设置的保存路径里就可以找到渲染完成的MP4格式的视频,如图11-152所示。

06 在视频中随意截取4帧,效果如图11-153所示。

图11-152

图11-153

11.3 企业宣传视频

案例文件	案例文件 >CH11> 企业宣传视频
难易指数	★★★★★
学习目标	掌握企业宣传视频的制作方法

本案例运用模板视频,套用现有的素材图片并添加文字和音效制作企业宣传视频,效果如图11-154所示。

图11-154

11.3.1 背景视频

01 将本书学习资源"案例文件>CH11>企业宣传

视频"文件夹中的素材文件都导入"项目"面板，并整理归类相关素材，如图11-155所示。

图11-155

02 新建一个应用了AVCHD 1080p25预设的序列，将"背景.mp4"素材文件拖曳到"时间轴"面板上，如图11-156所示。

图11-156

03 移动播放指示器到00:00:05:00的位置，此时画面出现变化，按M键标记该处，如图11-157所示。画面效果如图11-158所示。

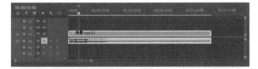

图11-157

图11-158

04 继续移动播放指示器，在00:00:10:00的位置，画面再次出现相同的变化，按M键添加标记，如图11-159所示。

图11-159

05 按照上面步骤的方法每隔5秒添加一个标记，如图11-160所示。

图11-160

> ⓘ **技巧与提示**
>
> 添加标记方便后续添加文字和图片素材。

11.3.2 文字剪辑

01 使用"文字工具" T 在画面中输入"航骋文化"文字，在"效果控件"面板中设置"字体"为"字魂105号-简雅黑"、"字体大小"为200、"字距调整"为150、"填充"颜色为橙色，如图11-161所示。效果如图11-162所示。

图11-161

图11-162

02 为文字剪辑添加"斜面Alpha"效果,设置"边缘厚度"为4、"光照角度"为0、"光照颜色"为浅蓝色,如图11-163所示。效果如图11-164所示。

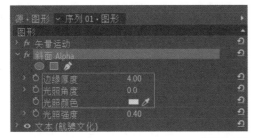

图11-163

图11-164

03 调整文字剪辑的长度,使剪辑末尾与第1个标记对齐,如图11-165所示。

图11-165

04 在文字剪辑上添加"基本3D"效果,在剪辑起始位置设置"与图像的距离"为500并添加关键帧,如图11-166所示。效果如图11-167所示。

05 移动播放指示器到00:00:01:07的位置,设置"与图像的距离"为0,如图11-168所示。效果如图11-169所示。

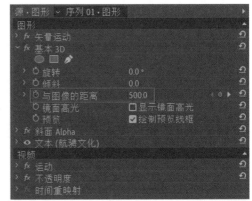

图11-166

图11-167

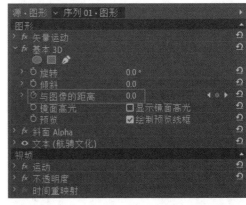

图11-168

图11-169

06 移动播放指示器到00:00:04:10的位置，设置"与图像的距离"为−30，如图11-170所示。效果如图11-171所示。

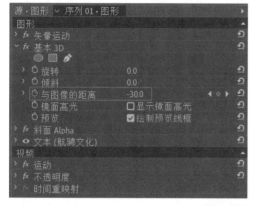

图11-170

图11-171

07 移动播放指示器到剪辑末尾，设置"与图像的距离"为−100，如图11-172所示。此时画面中的文字被放大并离开画面，如图11-173所示。

08 返回文字剪辑的起始位置，设置"不透明度"为0%并添加关键帧，如图11-174所示。此时画面中的文字消失，如图11-175所示。

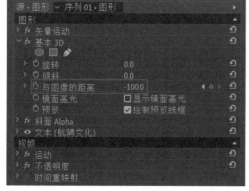

图11-172

图11-173

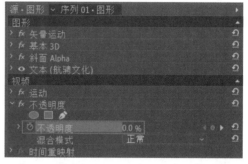

图11-174

图11-175

09 移动播放指示器到00:00:01:07的位置，设置"不透明度"为100%，如图11-176所示。此时文字内容全部显示，如图11-177所示。

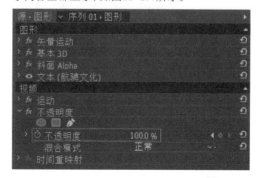

图11-176

图11-177

11.3.3 图片剪辑

01 选中01.jpg素材文件，然后将其拖曳到V2轨道上，将剪辑放在第1个和第2个标记之间，如图11-178所示。效果如图11-179所示。

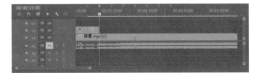

图11-178

图11-179

02 在"效果控件"面板中单击"创建椭圆形蒙版"按钮，在画面中创建一个椭圆形蒙版，设置"蒙版羽化"为700、"蒙版扩展"为400，如图11-180所示。添加蒙版后，图片就和背景视频产生了一定的融合效果，如图11-181所示。

03 在图片剪辑的起始位置设置"缩放"为0并添加关键帧，如图11-182所示。效果如图11-183所示。

04 移动播放指示器到00:00:05:14的位置，设置"缩放"为34，如图11-184所示。效果如图11-185所示。

图11-180

图11-181

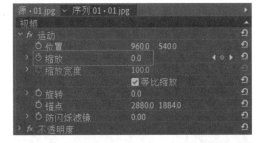

图11-182

图11-183

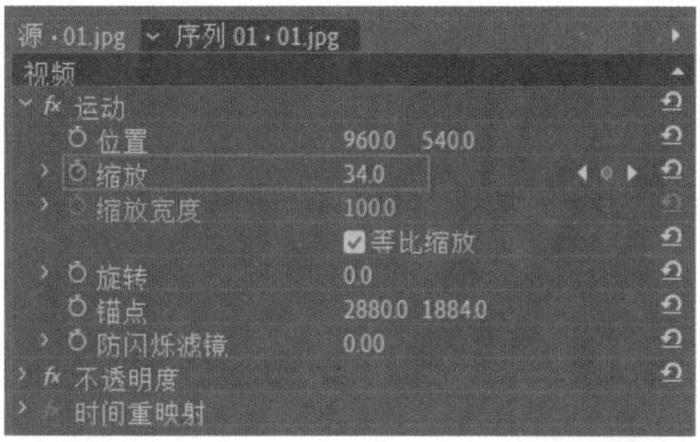

图11-184

图11-185

05 移动播放指示器到00:00:09:16,设置"缩放"为43,如图11-186所示。效果如图11-187所示。

图11-188

图11-189

11.3.4 其他文字和图片

根据"11.3.2 文字剪辑"和"11.3.3 图片剪辑"两个小节制作的文字和图片动画,就能通过复制并替换素材文件的方式制作出其他的文字和图片动画。

01 按住Alt键将文字剪辑向右复制一份,使剪辑末尾与标记对齐,如图11-190所示。

图11-186

图11-187

06 移动播放指示器到图片剪辑的末尾,设置"缩放"为92,如图11-188所示。效果如图11-189所示。

图11-190

02 修改文字内容为"艺术设计图书",然后修改"字体大小"为160,效果如图11-191所示。

图11-191

205

03 将01.jpg剪辑向右复制一份，并将剪辑末尾与标记对齐，如图11-192所示。

图11-192

04 在"源"监视器中打开02.jpg素材文件，然后将上一步复制的剪辑替换为02.jpg文件，效果如图11-193所示。

图11-193

技巧与提示

在复制的剪辑上单击鼠标右键，在弹出的菜单中选择"使用剪辑替换>从源监视器"选项，即可替换素材文件，并保留原有的动画关键帧。

05 复制一份文字剪辑并将其放在最右侧，将剪辑末尾与标记对齐，如图11-194所示。

图11-194

06 修改文字内容为"专业团队"，并调整"字体大小"为200，效果如图11-195所示。

07 复制一份图片剪辑并将其放在最右侧，将剪辑末尾与标记对齐，如图11-196所示。

08 在"源"监视器中打开03.jpg素材文件，然后将上一步复制的图片剪辑的内容替换为03.jpg文件，效果如图11-197所示。

09 复制一份文字剪辑并将其放在最右侧，将剪辑末尾与标记对齐，如图11-198所示。

图11-195

图11-196

图11-197

图11-198

10 修改文字内容为"精心打造"，效果如图11-199所示。

图11-199

11 复制一份图片剪辑并将其放在最右侧，将剪辑末尾与标记对齐，如图11-200所示。

图11-200

12 在"源"监视器中打开04.jpg素材文件，然后将上一步复制的图片剪辑替换为04.jpg文件，效果如图11-201所示。

图11-201

13 在V2轨道的文字和图片剪辑中间都添加"叠加溶解"过渡效果，如图11-202所示。

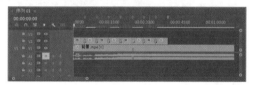

图11-202

11.3.5 音频剪辑

01 使用"剃刀工具" ◆ 裁剪掉多余的"背景.mp4"剪辑，如图11-203所示。

图11-203

02 选中"背景.mp4"剪辑，在00:00:37:00的位置添加"级别"关键帧，如图11-204所示。

03 移动播放指示器到剪辑末尾，然后将"级别"设置为-281.1dB，如图11-205所示。这样就能做出声音逐渐变小的效果。

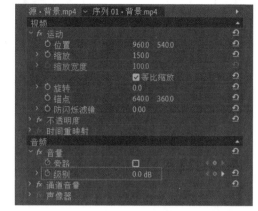

图11-204

图11-205

04 选中"音效1.wav"素材文件，将其添加到A2轨道上，放在文字剪辑和图片剪辑相接的位置，如图11-206所示。

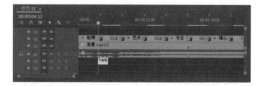

图11-206

> ⚠ **技巧与提示**
>
> 观察音频的波形，将波峰的位置对准画面中正在放大的图片，如图11-207所示。具体位置需要读者自行判断。

图11-207

05 复制3个"音效1.wav"音频剪辑，然后将它们移动到文字剪辑与图片剪辑相接的位置，如图11-208所示。

图11-208

06 选中"音效2.wav"音频文件，将其添加到A3轨道上，然后复制3个，将它们移动到图片剪辑和文字剪辑相接的位置，与上一个音效的位置相反，如图11-209所示。

图11-209

> **技巧与提示**
>
> 当画面中文字即将出现时，需要音频波形处于波峰的位置，这样音频节奏和画面运动的节奏就能相互对应，如图11-210所示。

图11-210

11.3.6 渲染输出

01 单击界面上方的"导出"按钮 导出 ，切换到"导出"界面，如图11-211所示。

图11-211

02 在"设置"中设置"文件名""位置"和"格式"，具体设置如图11-212所示。

图11-212

03 在"视频"卷展栏中勾选"使用最高渲染质量"选项，如图11-213所示，以保证渲染的视频画质较好。

图11-213

04 单击"导出"按钮 导出 即可开始渲染，系统会弹出对话框显示导出的进度，如图11-214所示。

图11-214

05 渲染完成后，在之前设置的保存路径里就可以找到渲染完成的MP4格式的视频，如图11-215所示。

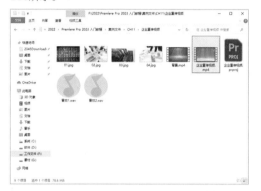

图11-215

06 在视频中随意截取4帧，效果如图11-216所示。

图11-216

11.4 美食节目片尾

案例文件	案例文件 >CH11> 美食节目片尾
难易指数	★★★★★
学习目标	掌握美食节目片尾的制作方法

本案例是制作一档美食节目的片尾，需要将视频分成两个镜头分别制作，并添加相应的文字和图形动画，效果如图11-217所示。

图11-217

11.4.1 镜头01

01 将本书学习资源"案例文件>CH11>美食节目片尾"文件夹中的所有素材导入"项目"面板中，如图11-218所示。

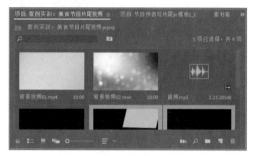

图11-218

02 新建一个应用了AVCHD 1080p25预设的序列，将"背景视频01.mp4"素材文件拖曳到"时间轴"面板上，如图11-219所示。效果如图11-220所示。

图11-219

图11-220

03 选中"时间轴"上的"背景视频01.mp4"剪辑，然后单击鼠标右键，在弹出的菜单中选择

"嵌套"选项,在弹出的对话框中设置"名称"为"镜头01",如图11-221和图11-222所示。

图11-221

图11-222

04 单击"确定"按钮 确定 后,原有的序列变成绿色的嵌套序列,如图11-223所示。

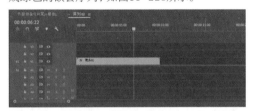

图11-223

05 双击"镜头01"嵌套序列,添加"图形01.png""图形02.png""图形03.png"素材文件,如图11-224所示。调整素材文件的位置,效果如图11-225所示。

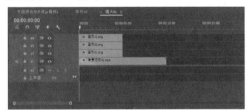

图11-224

图11-225

⚠ 技巧与提示

　　调整素材文件的位置时,也要注意它们之间的遮挡关系,应灵活调整素材所在的轨道。

06 分别为3个图形剪辑添加"线性擦除"效果,然后在序列起始位置设置"过渡完成"为100%、"擦除角度"为-90°,如图11-226所示。

图11-226

07 移动播放指示器到00:00:01:00的位置,然后设置"过渡完成"为0%,如图11-227所示。此时3个图形都会形成从左到右的生长效果,如图11-228所示。

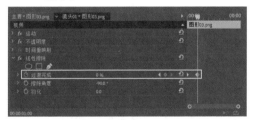

图11-227

图11-228

08 移动播放指示器到00:00:04:00的位置,设置"过渡完成"为0%,如图11-229所示。

09 移动播放指示器到00:00:05:00的位置,设置"过渡完成"为100%,如图11-230所示。此时3

个图形会从右到左逐渐消失，如图11-231所示。

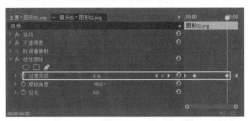

图11-229

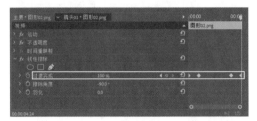

图11-230

图11-231

10 使用"文字工具"T输入相应的文字，设置"字体"为"方正悠黑"、"颜色"为白色，字体大小根据实际情况灵活设置，效果如图11-232所示。

图11-232

11 为文字剪辑添加"线性擦除"效果，然后根据图形的关键帧为其添加同样的关键帧，具体如图11-233所示。

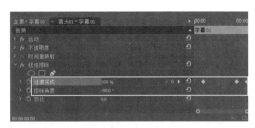

图11-233

12 裁剪掉多余的背景视频，如图11-234所示。至此，镜头01制作完成。

图11-234

11.4.2 镜头02

01 返回"序列02"面板后，添加"背景视频02.mov"素材文件到V1轨道上，如图11-235所示。

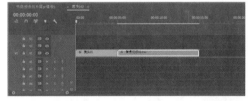

图11-235

02 将"背景视频02.mov"素材的持续时间缩减为5秒，如图11-236所示。

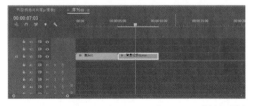

图11-236

03 选中"背景视频02.mov"，然后单击鼠标右键，在弹出的菜单中选择"嵌套"选项，在弹出的对话框中设置嵌套序列的"名称"为"镜头02"，如图11-237所示。

图11-237

04 双击"镜头02"序列,在V2轨道上添加"图形04.png"素材文件,如图11-238所示。效果如图11-239所示。

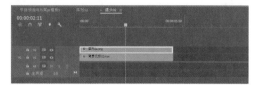

图11-238

图11-239

05 使用"文字工具" T 在画面中输入幕后有关工作人员的文字内容,如图11-240所示。

图11-240

> **技巧与提示**
>
> 要制作字幕的滚动效果,需要让文字的长度超过画面的高度。文字的内容和具体参数读者可自由发挥,这里不做强制规定。

06 选中"图形04.png"剪辑,然后为其添加"线性擦除"效果,在剪辑起始位置设置"过渡完成"为100%、"擦除角度"为0,如图11-241所示。

07 移动播放指示器到00:00:00:15的位置,然后设置"过渡完成"为0%,如图11-242所示。此时图形会生成从上到下生长的效果,如图11-243所示。

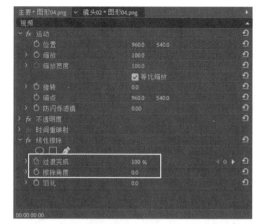

图11-241

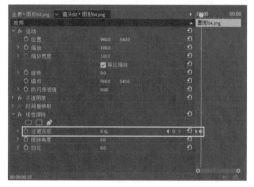

图11-242

图11-243

> **技巧与提示**
>
> 读者需要注意,这一步中播放指示器移动到15帧的位置对应的是嵌套序列中的15帧,而不是整个序列的15帧。

08 选中文字剪辑,在00:00:00:15的位置设置"位置"为(960,1700),如图11-244所示。

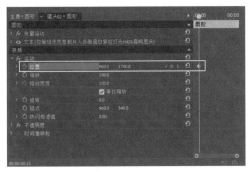

图11-244

09 移动播放指示器到00:00:04:15的位置，然后设置"位置"为（960，-500），如图11-245所示。移动播放指示器就可以观察到文字从下往上滚动出现，如图11-246所示。

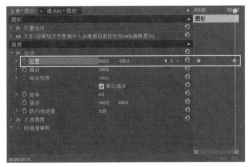

图11-245

图11-246

11.4.3 制作音频

01 返回"序列02"面板，然后将"音频.mp3"素材文件拖曳到A1轨道上，如图11-247所示。

图11-247

02 移动播放指示器到00:00:01:18的位置，然后使用"剃刀工具" ◢ 裁剪音频，如图11-248所示。

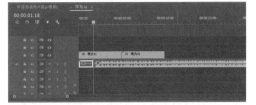

图11-248

03 删掉前半段音频，然后将音频与序列起始位置对齐，如图11-249所示。

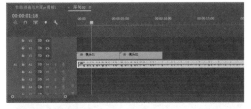

图11-249

04 删掉多余的音频部分，如图11-250所示。

图11-250

11.4.4 渲染输出

01 单击界面上方的"导出"按钮 导出 ，切换到

213

"导出"界面，如图11-251所示。

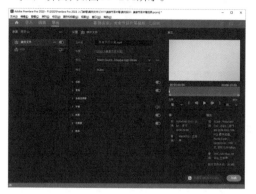

图11-251

02 在"设置"中设置"文件名""位置"和"格式"，具体设置如图11-252所示。

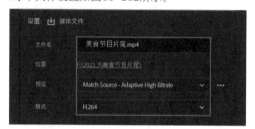

图11-252

03 在"视频"卷展栏中勾选"使用最高渲染质量"选项，以保证渲染的视频画质较好，如图11-253所示。

图11-253

04 单击"导出"按钮 [导出] 即可开始渲染，系统会弹出对话框显示导出的进度，如图11-254所示。

图11-254

05 渲染完成后，在之前设置的保存路径里就可以找到渲染完成的MP4格式的视频，如图11-255所示。

图11-255

06 在视频中随意截取4帧，效果如图11-256所示。

图11-256

11.5 动感快闪视频

案例文件	案例文件 >CH11> 动感快闪视频
难易指数	★★★★★
学习目标	掌握动感快闪视频的制作方法

本案例需要为一套三维效果图制作快闪视频，配合快节奏的音乐进行踩点。不仅要排列图片，还需要制作文字内容，案例效果如图11-257所示。本案例需要分为图片和文字两部分进行制作。

图11-257

11.5.1 图片制作

01 新建一个项目，然后将本书学习资源"案例文件>CH11>动感快闪视频"文件夹中的素材文件全部导入"项目"面板中，并将它们放在不同的文件夹中，如图11-258所示。

图11-258

02 新建一个应用了AVCHD 1080p25预设的序列，先将音频文件拖曳到"时间轴"面板上，如图11-259所示。

图11-259

03 现有的音频文件太长，需要将其剪掉一部分。移动播放指示器到00:00:08:14的位置，然后使用"剃刀工具" 将其裁剪，如图11-260所示。

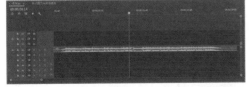

图11-260

04 继续移动播放指示器到00:00:17:09的位置，然后使用"剃刀工具" 将其裁剪，如图11-261所示。

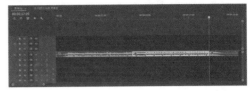

图11-261

05 删除中间的音频部分，然后将首尾两段音频进行拼接，如图11-262所示。

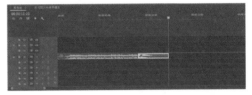

图11-262

06 将播放指示器移动到00:00:00:18的位置，然后将"白背景.jpg"素材拖曳到V1轨道上，并缩短其与播放指示器所在位置之间的距离，如图11-263所示。

图11-263

> **技巧与提示**
>
> 这里的白背景作为白场过渡使用。

07 将播放指示器移动到00:00:01:07的位置，然后将1.jpg素材拖曳到V1轨道上，紧挨着之前的"白背景.jpg"素材，如图11-264所示。效果如图11-265所示。

图11-264

图11-265

> **技巧与提示**
>
> 视频素材的长短需要根据音频的节奏而定，具体节奏需要读者聆听音频文件自行感受。

08 移动播放指示器到00:00:01:12的位置，然后将2.jpg素材拖曳到V1轨道上，紧挨着之前的素材，如图11-266所示。效果如图11-267所示。

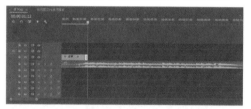

图11-266

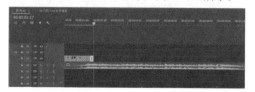

图11-267

09 移动播放指示器到00:00:01:17的位置，然后将3.jpg素材拖曳到V1轨道上，紧挨着之前的素材，如图11-268所示。效果如图11-269所示。

10 移动播放指示器到00:00:01:22的位置，然后将4.jpg素材拖曳到V1轨道上，紧挨着之前的素材，如图11-270所示。效果如图11-271所示。

图11-268

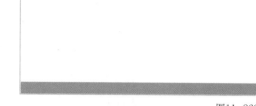

图11-269

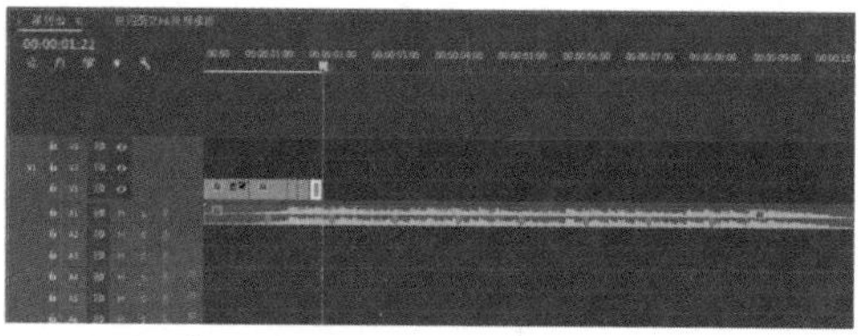

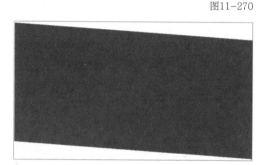

图11-270

图11-271

11 移动播放指示器到00:00:02:04的位置，然后将5.jpg素材拖曳到V1轨道上，紧挨着之前的素材，如图11-272所示。效果如图11-273所示。

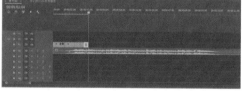

图11-272

图11-273

12 移动播放指示器到00:00:02:08的位置，然后将01.jpg素材拖曳到V1轨道上，紧挨着之前的素材，如图11-274所示。效果如图11-275所示。

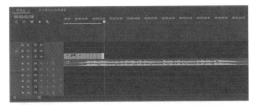

图11-274

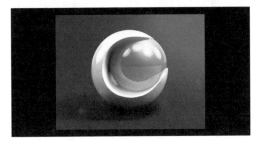

图11-275

13 选中该剪辑，然后单击鼠标右键，在弹出的菜单中选择"缩放为帧大小"选项，效果如图11-276所示。

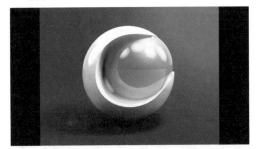

图11-276

14 在"效果控件"面板中设置"缩放"为134，如图11-277所示。效果如图11-278所示。

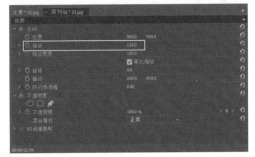

图11-277

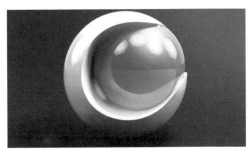

图11-278

> （！）技巧与提示
>
> 后续步骤中调整帧大小的方法完全相同，故不再重复讲解。

15 移动播放指示器到00:00:02:11的位置，然后将02.jpg素材拖曳到V1轨道上，紧挨着之前的素材，如图11-279所示。效果如图11-280所示。

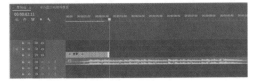

图11-279

图11-280

16 移动播放指示器到00:00:02:14的位置，然后将03.jpg素材拖曳到V1轨道上，紧挨着之前的素材，如图11-281所示。效果如图11-282所示。

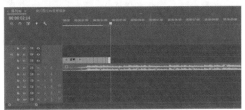

图11-281

图11-282

17 移动播放指示器到00:00:02:18的位置,然后将04.jpg素材拖曳到V1轨道上,紧挨着之前的素材,如图11-283所示。效果如图11-284所示。

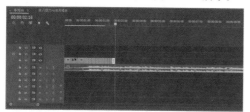

图11-283

图11-284

18 移动播放指示器到00:00:03:03的位置,然后将7.jpg素材拖曳到V1轨道上,紧挨着之前的素材,如图11-285所示。效果如图11-286所示。

19 移动播放指示器到00:00:03:08的位置,然后将2.jpg素材拖曳到V1轨道上,紧挨着之前的素材,如图11-287所示。效果如图11-288所示。

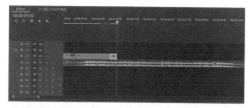

图11-285

图11-286

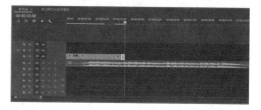

图11-287

图11-288

20 移动播放指示器到00:00:03:14的位置,然后将11.jpg素材拖曳到V1轨道上,紧挨着之前的素材,如图11-289所示。效果如图11-290所示。

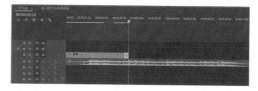

图11-289

图11-290

21 移动播放指示器到00:00:03:20的位置,然后将8.jpg素材拖曳到V1轨道上,紧挨着之前的素材,如图11-291所示。效果如图11-292所示。

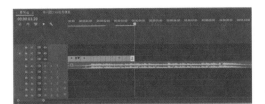

图11-291

图11-292

22 移动播放指示器到00:00:04:01的位置，然后将13.jpg素材拖曳到V1轨道上，紧挨着之前的素材，如图11-293所示。效果如图11-294所示。

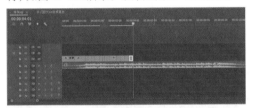

图11-293

图11-294

23 移动播放指示器到00:00:04:06的位置，然后将05.jpg素材拖曳到V1轨道上，紧挨着之前的素材，如图11-295所示。效果如图11-296所示。

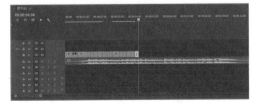

图11-295

图11-296

24 移动播放指示器到00:00:04:09的位置，然后将06.jpg素材拖曳到V1轨道上，紧挨着之前的素材，如图11-297所示。效果如图11-298所示。

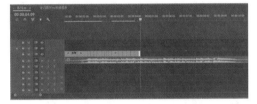

图11-297

图11-298

25 移动播放指示器到00:00:04:12的位置，然后将07.jpg素材拖曳到V1轨道上，紧挨着之前的素材，如图11-299所示。效果如图11-300所示。

26 移动播放指示器到00:00:04:15的位置，然后将08.jpg素材拖曳到V1轨道上，紧挨着之前的素材，如图11-301所示。效果如图11-302所示。

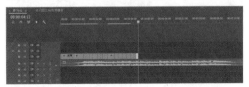

图11-299

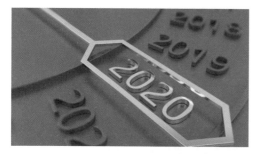

图11-300

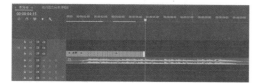

图11-301

图11-302

27 移动播放指示器到00:00:04:18的位置，然后将09.jpg素材拖曳到V1轨道上，紧挨着之前的素材，如图11-303所示。效果如图11-304所示。

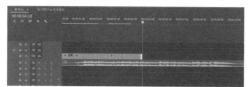

图11-303

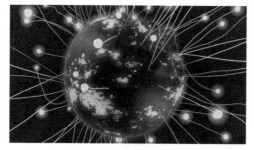

图11-304

28 移动播放指示器到00:00:04:20的位置，然后将10.jpg素材拖曳到V1轨道上，紧挨着之前的素材，如图11-305所示。效果如图11-306所示。

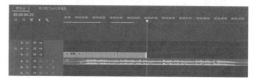

图11-305

图11-306

29 移动播放指示器到00:00:04:24的位置，然后将011.jpg素材拖曳到V1轨道上，紧挨着之前的素材，如图11-307所示。效果如图11-308所示。

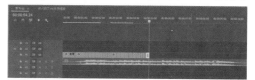

图11-307

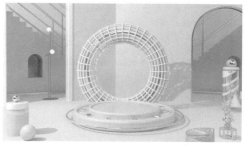

图11-308

30 移动播放指示器到00:00:05:01的位置，然后将012.jpg素材拖曳到V1轨道上，紧挨着之前的素材，如图11-309所示。效果如图11-310所示。

31 移动播放指示器到00:00:05:04的位置，然后将013.jpg素材拖曳到V1轨道上，紧挨着之前的素材，如图11-311所示。效果如图11-312所示。

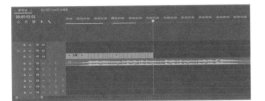

图11-309

图11-310

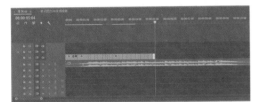

图11-311

图11-312

32 移动播放指示器到00:00:05:08的位置，然后将014.jpg素材拖曳到V1轨道上，紧挨着之前的素材，如图11-313所示。效果如图11-314所示。

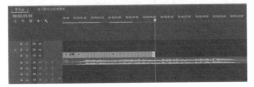

图11-313

图11-314

33 移动播放指示器到00:00:05:09的位置，然后将14.jpg素材拖曳到V1轨道上，紧挨着之前的素材，如图11-315所示。效果如图11-316所示。

图11-315

图11-316

34 移动播放指示器到00:00:05:17的位置，然后将16.jpg素材拖曳到V1轨道上，紧挨着之前的素材，如图11-317所示。效果如图11-318所示。

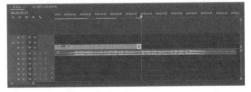

图11-317

图11-318

35 移动播放指示器到00:00:05:19的位置，然后将9.jpg素材拖曳到V1轨道上，紧挨着之前的素材，如图11-319所示。效果如图11-320所示。

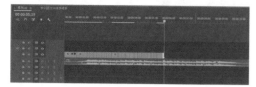

图11-319

图11-320

36 移动播放指示器到00:00:06:04的位置，然后将12.jpg素材拖曳到V1轨道上，紧挨着之前的素材，如图11-321所示。效果如图11-322所示。

图11-321

图11-322

37 移动播放指示器到00:00:06:15的位置，然后将13.jpg素材拖曳到V1轨道上，紧挨着之前的素材，如图11-323所示。效果如图11-324所示。

图11-323

图11-324

38 移动播放指示器到00:00:06:16的位置，然后将"白背景.jpg"素材拖曳到V1轨道上，紧挨着之前的素材，如图11-325所示。

图11-325

39 移动播放指示器到00:00:06:19的位置，然后将015.jpg素材拖曳到V1轨道上，紧挨着之前的素材，如图11-326所示。效果如图11-327所示。

图11-326

图11-327

40 移动播放指示器到00:00:06:23的位置，然后将016.jpg素材拖曳到V1轨道上，紧挨着之前的素材，如图11-328所示。效果如图11-329所示。

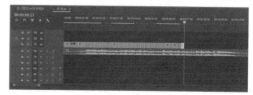

图11-328

图11-329

41 移动播放指示器到00:00:07:01的位置，然后将017.jpg素材拖曳到V1轨道上，紧挨着之前的素材，如图11-330所示。效果如图11-331所示。

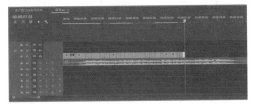

图11-330

图11-331

42 移动播放指示器到00:00:07:04的位置，然后将018.jpg素材拖曳到V1轨道上，紧挨着之前的素材，如图11-332所示。效果如图11-333所示。

43 移动播放指示器到00:00:07:07的位置，然后将019.jpg素材拖曳到V1轨道上，紧挨着之前的素材，如图11-334所示。效果如图11-335所示。

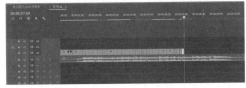

图11-332

图11-333

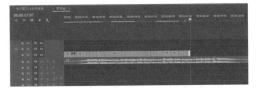

图11-334

图11-335

44 移动播放指示器到00:00:07:10的位置，然后将020.jpg素材拖曳到V1轨道上，紧挨着之前的素材，如图11-336所示。效果如图11-337所示。

图11-336

图11-337

㊺ 移动播放指示器到00:00:07:14的位置，然后将021.jpg素材拖曳到V1轨道上，紧挨着之前的素材，如图11-338所示。效果如图11-339所示。

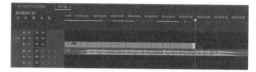

图11-338

图11-339

㊻ 移动播放指示器到00:00:07:23的位置，然后将1.jpg素材拖曳到V1轨道上，紧挨着之前的素材，如图11-340所示。效果如图11-341所示。

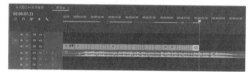

图11-340

图11-341

㊼ 移动播放指示器到00:00:08:08的位置，然后将7.jpg素材拖曳到V1轨道上，紧挨着之前的素材，如图11-342所示。效果如图11-343所示。

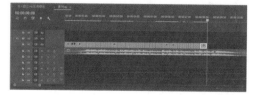

图11-342

图11-343

㊽ 移动播放指示器到00:00:08:14的位置，然后将8.jpg素材拖曳到V1轨道上，紧挨着之前的素材，如图11-344所示。效果如图11-345所示。

图11-344

图11-345

㊾ 将2.jpg素材拖曳到V1轨道上，紧挨着之前的素材并与音频末尾齐平，如图11-346所示。效果如图11-347所示。至此，图片部分就按照音乐的节奏制作完成了。

图11-346

图11-347

11.5.2 文字制作

01 移动播放指示器到00:00:00:18的位置,然后使用"文字工具" T 在"节目"监视器中输入"别眨眼"文字,接着在"效果控件"面板中设置"字体"为FZLanTingHei-B-GBK、"字体大小"为300、"字距调整"为200,如图11-348所示。效果如图11-349所示。

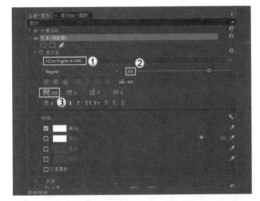

图11-348

图11-349

02 将文字剪辑缩短到和下方图片相同的长度,如图11-350所示。

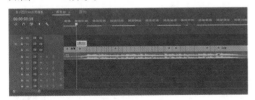

图11-350

> **技巧与提示**
>
> 文字剪辑的长度与下方图片剪辑的长度相同,后续将省略介绍这一步。

03 移动播放指示器到00:00:01:08的位置,然后使用"文字工具" T 在"节目"监视器中输入"这"文字,接着在"效果控件"面板中设置"字体大小"为700,效果如图11-351所示。

04 移动播放指示器到00:00:01:12的位置,然后使用"文字工具" T 在"节目"监视器中输入"是"文字,接着在"效果控件"面板中设置"填充颜色"为(R:255, G:121, B:0),效果如图11-352所示。

图11-351　　　　　　图11-352

> **技巧与提示**
>
> 单击"填充"后的吸管按钮，直接吸取图片上的橙色就可以改变文字的颜色。

05 移动播放指示器到00:00:01:17的位置,然后使用"文字工具" T 在"节目"监视器中输入"一个"文字,接着在"效果控件"面板中设置"字体大小"为350、"填充颜色"为白色,效果如图11-353所示。

06 移动播放指示器到00:00:01:22的位置,然后使用"文字工具" T 在"节目"监视器中输入"快节奏"文字,效果如图11-354所示。

图11-353　　　　　　图11-354

07 移动播放指示器到00:00:02:04的位置,然后使用"文字工具" T 在"节目"监视器中输入"Cinema 4D"文字,接着在"效果控件"面板中设置"字体大小"为150、"字距调整"为100,效果如图11-355所示。

08 将"长方形.psd"素材拖曳到文字剪辑的上方,效果如图11-356所示。

图11-355　　　　　　　　图11-356

09 移动播放指示器到00:00:02:08的位置，然后使用"文字工具" T 在"节目"监视器中输入"三维"文字，接着在"效果控件"面板中设置"字距调整"为999，效果如图11-357所示。

10 将"长方形1.psd"素材拖曳到文字剪辑的上方，效果如图11-358所示。

图11-357　　　　　　　　图11-358

11 移动播放指示器到00:00:02:11的位置，然后使用"文字工具" T 在"节目"监视器中输入"效果"文字，效果如图11-359所示。

12 将"条.png"素材拖曳到文字剪辑的上方，效果如图11-360所示。

图11-359　　　　　　　　图11-360

13 移动播放指示器到00:00:02:14的位置，然后使用"文字工具" T 在"节目"监视器中输入"展示"文字，效果如图11-361所示。

14 将"方块.psd"素材拖曳到文字剪辑的上方，效果如图11-362所示。

图11-361　　　　　　　　图11-362

15 移动播放指示器到00:00:02:18的位置，然后使用"文字工具" T 在"节目"监视器中输入"快闪"文字，接着设置"文字大小"为300、"填充颜色"为（R:73,G:152,B:151），效果如图11-363所示。

图11-363

16 移动播放指示器到00:00:02:20的位置，然后设置文本的"缩放"参数为100，在剪辑末尾设置"缩放"参数为150，如图11-364所示。效果如图11-365所示。

17 移动播放指示器到00:00:03:03的位置，然后使用"文字工具" T 在"节目"监视器中输入"如果"文字，接着设置"文字大小"为600、"字距调整"为300、"填充颜色"为（R:46,G:46,B:46），效果如图11-366所示。

图11-364

图11-365　　　　　　　　图11-366

18 移动播放指示器到00:00:03:08的位置，然后使用"文字工具" T 在"节目"监视器中输入"没有"文字，接着设置"填充颜色"为白色，效果如图11-367所示。

图11-367

19 移动播放指示器到00:00:03:14的位置，然后使用"文字工具" T 在"节目"监视器中输入"看清楚"文字，接着设置"字体大小"为300，效果如图11-368所示。

20 移动播放指示器到00:00:03:20的位置，然后使用"文字工具" T 在"节目"监视器中输入"请再看一遍"文字，接着设置"字距调整"为100、"填充颜色"为（R:255,G:121,B:0），效果如图11-369所示。

 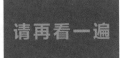

图11-368　　　　　　图11-369

21 移动播放指示器到00:00:05:08的位置，然后使用"文字工具" T 在"节目"监视器中输入"别"文字，接着设置"字体大小"为600、"填充颜色"为白色，效果如图11-370所示。

图11-370

22 按住Alt键将上一步创建的文字剪辑向右复制一个，并使其和下方图片的剪辑长度相同，如图11-371所示。效果如图11-372所示。

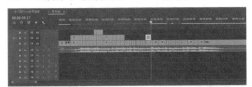

图11-371

23 移动播放指示器到00:00:05:12的位置，然后使用"剃刀工具" 将文字剪辑裁剪为两段，如图11-373所示。

图11-372

移动后半段剪辑中的文字，效果如图11-374所示。

24 移动播放指示器到00:00:05:17的位置，然后使用"文字工具" T 在"节目"监视器中输入"眨"文字，如图11-375所示。

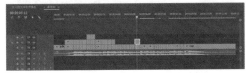

图11-373

图11-374　　　　　　图11-375

25 将文字剪辑复制到右侧，并使其与下方的图片剪辑长度相同，如图11-376所示。

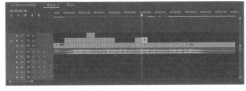

图11-376

26 在00:00:05:21和00:00:06:00的位置使用"剃刀工具" 裁剪文字剪辑，然后移动后两段剪辑中文字的位置，如图11-377和图11-378所示。

图11-377　　　　　　图11-378

27 移动播放指示器到00:00:06:04的位置，然后使用"文字工具" T 在"节目"监视器中输入"眼"文字，如图11-379所示。

28 移动播放指示器到00:00:07:14的位置，然后使用"文字工具" T 在"节目"监视器中输入"OK"文字，如图11-380所示。

图11-379　　　　　　图11-380

29 将上一步制作的文字剪辑均分为3部分，如图11-381所示。

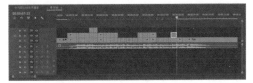

图11-381

③⓪ 在后两段剪辑中移动"OK"文字，效果如图11-382和图11-383所示。

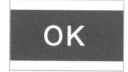 

图11-382   图11-383

③① 移动播放指示器到00:00:07:23的位置，然后使用"文字工具" **T** 在"节目"监视器中输入"展示"文字，接着在"效果控件"面板中设置"字体大小"为600、"填充颜色"为（R:73,G:152,B:151），效果如图11-384所示。

③② 移动播放指示器到00:00:08:08的位置，然后使用"文字工具" **T** 在"节目"监视器中输入"完毕"文字，接着在"效果控件"面板中设置"字体大小"为400、"填充颜色"为白色，效果如图11-385所示。

图11-384   图11-385

③③ 移动播放指示器到00:00:08:14的位置，然后使用"文字工具" **T** 在"节目"监视器中输入"没看清楚 请再看一遍"文字，接着在"效果控件"面板中设置"没看清楚"的"字体大小"为245、"请再看一遍"的"字体大小"为200，效果如图11-386所示。至此，文字部分制作完成。

图11-386

11.5.3 渲染输出

①① 单击界面上方的"导出"按钮 导出 ，切换到"导出"界面，如图11-387所示。

图11-387

①② 在"设置"中设置"文件名""位置"和"格式"，具体设置如图11-388所示。

图11-388

①③ 在"视频"卷展栏中勾选"使用最高渲染质量"选项，以保证渲染的视频画质较好，如图11-389所示。

图11-389

①④ 单击"导出"按钮 导出 即可开始渲染，系统会弹出对话框显示导出的进度，如图11-390所示。

05 渲染完成后，在之前设置的保存路径里就可以找到渲染完成的MP4格式的视频，如图11-391所示。

图11-390

图11-391

06 在视频中随意截取4帧，效果如图11-392所示。

图11-392

11.6 课后习题

结合所学习的工具和命令，读者可以完成较为复杂的案例。下面通过两个习题来帮助读者巩固所学知识。

11.6.1 课后习题：人像拍照对焦

案例文件	案例文件 >CH11> 课后习题：人像拍照对焦
难易指数	★★★★★
学习目标	掌握对焦效果的制作方法

本习题是制作一个照片对焦效果，截取视频中的一帧作为照片。在案例制作的过程中需要用

到"高斯模糊"和"亮度/对比度"效果，并添加相应的关键帧，效果如图11-393所示。

图11-393

01 在"项目"面板中导入素材图片，并制作定帧。

02 添加Brightness & Contrast效果，制作出闪光效果。

03 添加"高斯模糊"效果，制作出对焦画面。

04 添加相框素材制作相机镜头画面并制作单独的照片画面。

11.6.2 课后习题：分屏城市展示

案例文件	案例文件 >CH11> 课后习题：分屏城市展示
难易指数	★★★★★
学习目标	掌握分屏效果的制作方法

分屏展示在一些介绍展示类视频中经常出现。运用"线性擦除"和"裁剪"效果就能制作出多种样式的分屏效果，效果如图11-394所示。

图11-394

01 在"项目"面板中导入素材视频，并裁剪剪辑。

02 添加"裁剪"效果以裁剪画面的大小，形成不同的分屏效果。

03 添加"线性擦除"效果，制作分屏显示的动态画面。

附录A 常用快捷键一览表

1.文件操作快捷键

操作	快捷键
新建项目	Ctrl+Alt+N
打开项目	Ctrl+O
关闭项目	Ctrl+Shift+W
关闭	Ctrl+W
保存	Ctrl+S
另存为	Ctrl+Shift+S
导入	Ctrl+I
导出媒体	Ctrl+M
退出	Ctrl+Q

2.编辑快捷键

操作	快捷键
还原	Ctrl+Z
重做	Ctrl+Shift+Z
剪切	Ctrl+X
复制	Ctrl+C
粘贴	Ctrl+V
粘贴插入	Ctrl+Shift+V
粘贴属性	Ctrl+Alt+V
清除	Delete
波纹删除	Shift+Delete
全选	Ctrl+A
取消全选	Ctrl+Shift+A
查找	Ctrl+F
编辑原始资源	Ctrl+E
在"项目"面板中查找	Shift+F

3.剪辑快捷键

操作	快捷键
设置持续时间	Ctrl+R
插入	,
覆盖	.
编组	Ctrl+G
取消编组	Ctrl+Shift+G
音频增益	G
音频声道	Shift+G
启用	Shift+E
链接/取消链接	Ctrl+L
制作子剪辑	Ctrl+U

4.序列快捷键

操作	快捷键
新建序列	Ctrl+N
渲染工作区效果	Enter
匹配帧	F
剪切	Ctrl+K
剪切所有轨道	Ctrl+Shift+K
修整编辑	T
延伸下一编辑到播放指示器	E
默认视频转场	Ctrl+D
默认音频转场	Ctrl+Shift+D
默认音视频转场	Shift+D
提升	;
提取	'
放大	=
缩小	-
吸附	S
序列中下一段	Shift+;
序列中上一段	Ctrl+Shift+;
播放/停止	Space
最大化所有轨道	Shift++
最小化所有轨道	Shift+-
扩大视频轨道	Ctrl++
缩小视频轨道	Ctrl+-
缩放到序列	\
跳转至序列起始位置	Home
跳转至序列结束位置	End

5.标记快捷键

操作	快捷键
标记入点	I
标记出点	O
标记素材入出点	X
标记素材	Shift+/
返回媒体浏览	Shift+*
标记选择	/
跳转入点	Shift+I
跳转出点	Shift+O
清除入点	Ctrl+Shift+I
清除出点	Ctrl+Shift+Q
清除入出点	Ctrl+Shift+X
添加标记	M
到下一个标记	Shift+M
到上一个标记	Ctrl+Shift+M
清除当前标记	Ctrl+Alt+M
清除所有标记	Ctrl+Alt+Shift+M

6.图形快捷键

操作	快捷键
文本	Ctrl+T
矩形	Ctrl+Alt+R
椭圆	Ctrl+Alt+E

附录B　Premiere Pro操作小技巧

技巧1：在轨道上复制素材

　　一段视频素材需要被多次使用时，一次一次地拖曳实在麻烦，该怎么办呢？只要在轨道中按住Alt键，直接拖曳想要的素材就可以快速进行复制。

按住Alt键向右拖曳

技巧2：在剪辑中插入素材

　　视频剪辑完成后，突然发现有一段视频漏掉了，必须将其插进去该怎么办？选中想要插入的素材，将播放指示器拖曳到需要插入的位置，按，键就可以了（需要注意的是，必须是在英文输入法的状态下按键才能生效）。

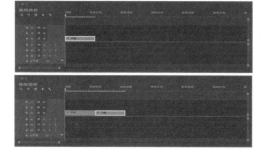

选中要插入的素材，将播放指示器移动到需要插入的位置

按，键插入素材

技巧3：同时剪切多个轨道

　　一般来说，使用"剃刀工具" ◢只能对一个轨道中的素材进行剪辑，如何才能实现同时剪切多个轨道中的素材呢？这时只要按住Shift键，然后使用"剃刀工具" ◢进行裁剪，就可以一剪到底。

按Shift键进行同时剪切

技巧4：素材间互换位置

　　有时候需要将一段剪辑中的两个素材互换位置，怎样才能快速实现该操作？这时只要按住Alt键和Ctrl键，然后拖曳需要交换位置的素材即可。

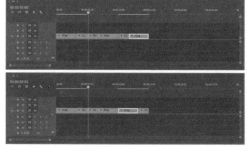

按住Alt键和Ctrl键移动素材

技巧5：快速查看序列效果

　　通常情况下查看序列效果是按Space键，如果想提高查看序列效果的速度该怎么办？这时只要按L键，就可以用不同的速度播放序列效果，每按一次L键，播放速度都会加快，按Space键就可以恢复为原来的播放速度。